高等学校“十二五”规划教材

电子信息与通信工程系列

信息论与编码

Information Theory & Coding

江晓林 主 编

陈纯锴 苗雨 孙华东 副主编

哈爾濱工業大學出版社

内容简介

本书是电子信息与通信工程系列教材之一，是在相关高等学校教师长期教学实践的基础上编写的。

全书共分 6 章，主要内容包括：绪论、信息量和信源的熵、信源编码、信道及信道编码、接近香农极限的编码和信息率失真函数，章节后面备有相关习题。

本书可以作为普通高等院校电子信息、通信类专业本科生的教材，也可供有关科技人员参考。

图书在版编目(CIP)数据

信息论与编码/江晓林主编. —哈尔滨：哈尔滨工业大学出版社，2011.4

ISBN 978-7-5603-3205-5

Ⅰ.①信… Ⅱ.①江… Ⅲ.①信息论②信源编码-编码理论③信道编码-编码理论 Ⅳ.①TN911.2

中国版本图书馆 CIP 数据核字(2011)第 031096 号

策划编辑　许雅莹
责任编辑　李长波
封面设计　刘长友
出版发行　哈尔滨工业大学出版社
社　　址　哈尔滨市南岗区复华四道街 10 号　邮编 150006
传　　真　0451-86414749
网　　址　http://hitpress.hit.edu.cn
印　　刷　哈尔滨市石桥印务有限公司
开　　本　787mm×960mm　1/16　印张 11　字数 226 千字
版　　次　2011 年 5 月第 1 版　2011 年 5 月第 1 次印刷
书　　号　ISBN 978-7-5603-3205-5
印　　数　1～2 000 册
定　　价　26.00 元

高等学校“十二五”规划教材

电子信息与通信工程系列

总　　序

电子信息与通信工程是当今世界发展最快的领域,该技术领域的新概念、新理论、新技术不断涌现,其知识更新速度也是令人吃惊。这就使得从事电子信息与通信工程技术的科技人员要不断学习,把握前沿动态,吸收最新知识。近年来,各高校通过教学改革,在引导学生将最新知识应用于社会实践和市场需求环境,解决实际问题,培养学生实践动手能力、探索性学习能力和创新思维能力等方面取得了可喜成就。

为了培养国家和社会急需的电子信息与通信工程领域的高级科技人才,配合高等院校电子信息与通信工程专业的教学改革和教材建设,哈尔滨工业大学出版社组织哈尔滨工业大学、哈尔滨理工大学、齐齐哈尔大学、佳木斯大学、黑龙江科技学院等多所高校联合编写了这套面向普通高等院校的"电子信息与通信工程系列"教材。

本系列教材的编写目标:结合新的专业规范,融合先进的教学思想、方法和手段,体现科学性、先进性和实用性,强调对学生实践能力的培养,以适应新世纪对通信、电子人才培养的需求。

本系列教材编写要求:专业基础课教材概念清晰、理论准确、深度合理、内容精练,并注意与专业课教学的衔接;专业课教材覆盖面广、深度适中,体现相关领域的新发展和新成果,注重理论联系实际。

本系列教材的编委会阵容强大,编者都是在教学工作第一线的骨干教师。他们具有多年丰富的教学和科研经历,掌握最新的理论知识,具有丰富的实践经验,是一支高水平的教材编写队伍。

本系列教材理论性与工程实践性紧密结合,旨在引导读者将电子信息与通信工程的理论、技术与应用有机结合,适合于高等学校电子、信息、通信和自动控制等专业的教材选取。我深信:这套教材的出版,对于推动电子信息与通信工程领域的教学改革、提高人才培养质量必将起到积极的推动作用,并以其内容的先进性、实用性和系统性为特色而获得成功。

吴群
哈尔滨工业大学教授
2010 年 4 月

前　言

信息论与编码是研究信息的存储、传输、处理、控制和利用一般规律的科学，它主要研究如何提高信息系统的可靠性、有效性等问题，以使信息传输实现最优化。信息论是信息科学发展的源泉，也是信息科学的基础理论。随着电信网、广播电视网和计算机通信网三网合一进程的加快，多媒体技术、计算机技术、空间技术等信息通信网络技术出现了超出人们想象的、前所未有的发展速度，而在这些领域中，均涉及信息论与编码理论。现在人们对于信息论的基本理论已不再感到陌生、抽象和难以理解和掌握，也越来越感到学习和掌握信息理论的必要性和重要性。

信息论与编码是一门既具有广泛的数学理论知识，又有实际工程背景的课程，两者缺一不可。本书是作者多年在信息论与编码方面的教学和科研经验实践总结而加以编写的，全书注重基本概念、基本定理和基本分析方法的论述，结合实例建立概念和数学模型，给出详细的、必要的数学推演过程和证明，力求概念清晰，逻辑性、系统性强，力求做到既有实际应用背景，又有清晰的数学概念和数学思想。

全书内容由浅入深、循序渐进，共分 6 章。第 1 章绪论。第 2 章信息量和信源的熵。介绍信源的分类，信息量、信源的熵的计算方法；对离散信源和连续信源的熵进行了阐述，着重从联合熵、条件熵、平均互信息量（交互熵）三个角度加以展开。第 3 章信源编码。探讨了定长编码、变长编码、游程编码的原理及其实现方法，着重介绍了变长码中香农编码、霍夫曼编码和费诺编码的实现过程及其性能分析。第 4 章信道及信道编码。从信道的模型出发，探讨错误概率及其编、译码原则，论述了抗干扰信道编码定理及其逆定理；介绍信道编码的基本思想和几种常见的检错码，包括奇偶校验码、行列监督码和定比码；分析了线性分组码及其纠检错的实现；循环码的描述及编译码实现，并探讨了几种改进的循环码；分析了卷积码的编译码原理，并论述了限失真编码定理。第 5 章接近香农极限的编码。分析了 Turbo 码的编译码实现，并进行了性能分析；介绍了 LDPC 码的定义及描述方法、Tanner 图的表示及其编译码的实现和性能分析。第 6 章信息率失真理论。从失真度、平均失真函数出发，介绍了信息率失真函数的定义及其性质，探讨了最小失真度和最大失真度。

分析了二元对称信源的率失真函数、保真度准则下的信源编码定理、离散无记忆信道的容量-代价函数。

本书内容丰富翔实，对基本概念和基础理论的阐述清晰明了；吸收了新技术和新方法。为了帮助读者掌握基本理论和分析方法，每章附有相应习题。本书可作为普通高等院校电子信息、通信类专业本科生的教材，也可供有关科学技术人员参考。

本书由江晓林任主编，黑龙江科技学院苗雨编写第4章，黑龙江科技学院陈纯锴编写第2，3章，哈尔滨商业大学孙华东编写第5章，黑龙江科技学院江晓林编写第1，6章，全书由江晓林统稿。

限于编者水平，疏漏和不足之处在所难免，殷切希望各界读者批评指正。

编　者

2011年2月

目 录

CONTENTS

第1章

绪　论

1.1 信　息

通信的目的，就是为了互通消息，实现信息的交换、传递。那么什么是信息呢？

1.1.1 信息的概念

"信息"是当代使用频率很高的一个概念，也是很难说清楚的一个概念。据不完全统计，信息的定义有100多种，它们都从不同的侧面、不同的层次揭示了信息的某些特征和性质，但至今仍没有统一的、能为各界普遍认同的定义。但信息的定义是信息论研究的一个基本内容。

20世纪中叶，信息论、控制论、系统论等标新立异的新理论相继问世，有力地"晃动"着传统的科学框架。克劳德·香农是一位美国数学工程师，作为信息论的创始人，人们认为他是20世纪最伟大的科学家之一，人们尊崇香农为信息论及数字通信时代的奠基之父。1948年克劳德·香农发表论文《A Mathematical Theory of Communication》，建立了信息论这一学科。论文中给出了通信系统的线性示意模型的新思想，首次引入"比特"(bit)一词。香农指出，信息是可以传递的，信息不是事物的本身，信息是抽象的；而消息、情报、指令、数据等本身不是信息。与此同时，美国另一位数学家诺伯特·维纳也发表了题为《时间序列的内插、外推和平滑化》的论文以及题为《控制论》的专著。他指出"通信的根本问题是报文的再生，在某一点与另外选择的一点上报文应该精确地或者近似地重现"。

近代人认为：信息是具有新内容的消息；是对于决策有价值的情报；是一切所感知的信号；信息就是知识等。

香农信息论认为：信息的多少等于不确定度的大小，信息是能使认识主体对某一事物的未知性和不确定性减少的有用知识。人们已知的消息不是信息，而好像、大概、可能之类的不确切的内容包含着信息。

信息是客观存在的，它是人类认识、改造客观世界的主要动力，是人类认识客观世界的更高层次。通信过程中经常会听到三个层次的描述：信号、消息、信息，人们容易混淆，区分不开。信息是指各个事物运动的状态及状态的变化方式，它是抽象的、非物理的，是哲学层表达。消息是具体的、非物理的，可描述为语言文字、符号、数据、图片，能够被感觉到，同时它也是信息的载荷体，是信息论中主要描述形式信息的数学层表达。信号是消息的物理体现，信号最具体，它是一物理量，可测量、可显示、可描述，同时它又是载荷信息的实体，是信息的物理层表达。

1.1.2 信息的性质

信息的基本概念在于它的不确定性，也就是说接收者在收到信息之前，对其内容是未知的，是新知识、新内容；信息可以产生，也可以消失，同时它可以被携带、被存储及处理；信息是可以度量的，信息量有多少的差别，可以归结为以下特性。

(1) 信息的可扩充性：相对物质和能量而言，信息资源没有限度，永远不会耗尽，而且会越来越多，导致信息爆炸，知识爆炸，能源危机。

(2) 信息的可压缩性：通过人脑的归纳和综合，信息可精练和压缩，产生专家系统、知识库。

(3) 信息的可替代性：信息可替代有形物质，信息出口，情报出口。

(4) 信息的可传递性：人与人之间，人与物之间，细胞之间，天体之间。

(5) 信息的可扩散性：总是以各种方式向外部扩散，绝对保密是无法实现的。

(6) 信息的可共享性：信息无法垄断，不能做转手交易。

(7) 信息的有效性：相同信息可有不同的有效性。

1.1.3 信息科学

信息不是静止的，它会产生也会消亡，人们需要获取它，并完成它的传输、交换、处理、检测、识别、存储、显示等功能，研究这方面内容的科学就是信息科学。信息科学是研究信息的概念、相关理论和应用的科学，它是一门新兴科学、边缘学科。

1. 信息科学的特点

(1) 多学科。它与许多基础科学和应用技术有关，互相渗透，如数学、逻辑学、心理学、语言文字学、生物学、控制论、计算机科学、通信技术、仿生学、人工智能技术。

(2) 产业化。它的应用服务于国民经济和社会生活的各个方面，从而形成一个新兴产业——信息产业。

2. 信息科学的研究范围

(1) 信息源：自然信息源(物理，化学，天体，地理，生物)、社会信息源(管理，金融，商业）、知识信息源。

(2) 信息载体：第一载体（语言）、第二载体（文字）、第三载体（电磁波）。

(3) 信息的采集与转换：传感器，雷达，视、听、触、力，声、光、热、电、磁。

(4) 信息的传输：光、电磁波、神经、意念。

(5) 信息的存储与处理：计算机、视听系统。

1.2 通信系统

1.2.1 通信系统模型

通信就是互相传递和交换信息。

通信技术起源于人类社会初期，如语言、手势、文字、印刷术、电报(1840)、电话(1880)、无线电(1920)、广播、电视、计算机通信(1960)、通信卫星(1964)、Internet(1990)、全球信息网络。通信系统模型如图 1.1 所示。

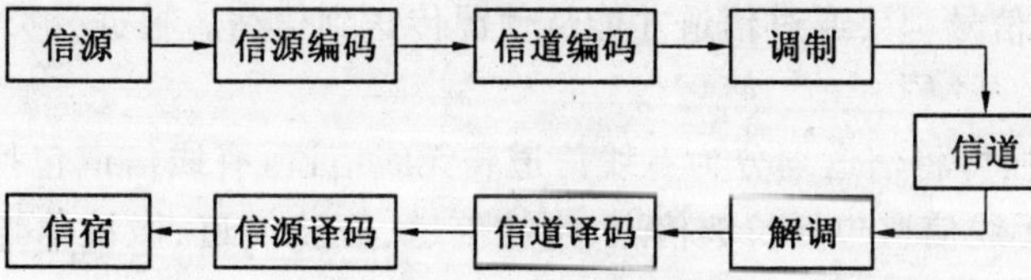

图 1.1　通信系统模型

(1) 信源与信宿

信源是信息的来源，是以符号的形式表现的具体消息。根据不同的分类方法有很多种类，比如数字信源/模拟信源、独立信源/相关信源、无记忆信源/有记忆信源。信宿是信息的接收者，即最终用户。

(2) 编码和译码

为了有效可靠地传递信息，对信息进行必要的加工，主要完成信号能量转换、编码和译码等。编码有信源编码和信道编码两种。信源编码器的作用是把信源发出的消息变换成由二进制码元（或多进制码元）组成的代码组，这种代码组就是基带信号；同时通过信源编码可以压缩信源的冗余度，以提高通信系统传输消息的效率。

信源编码器分为两类：一类是无失真信源编码，适用于离散信源或数字信号；另一类是限失真信源编码，用于连续信源或模拟信号，如语音、图像等信号的数字处理。信源编码器的主要指标是它的编码效率，即理论上能达到的码率与实际达到的码率之比。

信源译码器的作用是把信道译码器输出的代码组变换成信宿所需要的消息形式，它的作用相当于信源编码器的逆过程。

信道编码主要作用是提高信息传送的可靠性。在信源编码器输出的代码组上有目的地增加一些监督码元，使之具有检错或纠错的能力。信道编码的主要作用是增大码率或频带，即增大所需的信道容量。这恰与信源编码相反。

信道译码器的作用是进行译码，实现信号检错或纠错的功能，以提高传输消息的可靠性。

(3) 调制与解调

将各种基带信号转换成适于信道传输的调制信号(已调信号或频带信号) 就是调制过程。调制实现的是用基带信号去控制载波信号的某个或几个参量的变化，将信息荷载在其上形成已调信号传输。而解调是调制的反过程，通过具体的方法从已调信号的参量变化中恢复原始的基带信号。

根据所控制的信号参量的不同，调制可分为调幅、调频、调相。调幅，是指使载波的幅度随着调制信号的大小变化而变化的调制方式；调频，是指使载波的瞬时频率随着调制信号的大小而变，而幅度保持不变的调制方式；调相，是利用原始信号控制载波信号的相位。

(4) 信道

通信过程中，信号都要通过信道才能从信源传送到信宿。根据分类的不同，信道的构成也有所不同。

① 按传输介质可将信道划分为有线信道和无线信道，有线信道包括明线、双绞线、同轴电缆、光缆等；无线信道包括长波信道、中波信道、短波信道、微波信道、卫星信道、短波电离层反射信道、散射信道。

② 按信道传输的信号类型可将信道划分为模拟信道和数字信道。

从研究消息传输的观点来说，信道的范围还可以扩大，除包括传输介质外，还可以包括有关的变换装置，比如发送设备、接收设备、调制器、解调器等。

1.2.2 通信系统的基本要求

衡量一个系统的好坏，必然要涉及通信系统的主要指标问题，否则无法衡量。人们对于通信系统的要求是多方面的，评价通信系统的优劣包括信息传输的有效性、可靠性、适应性、标准性、经济性，甚至还包括设备造型的优美性等。从消息的传输来说，有效性和可靠性是通信系统两个最重要指标，然而，它们却又相互矛盾，学习信息论与编码原理，最主要的也就是寻求最佳的方法来提高信息传输的有效性和可靠性。那么何为有效性和可靠性呢？有效性是通信系统传输信息速率的表征，而可靠性是通信系统传输信息质量的表征。传输速度越快，有效性越高；传输信号越准确，可靠性越高。在通信系统中，人们总是希望传输信息既快又准，既有效又可靠。然而有效性和可靠性两者却是矛盾的，这一点，通过以后的进一步学习，将会有更深的体会。一般情况下，要增加系统的有效性，就要降低可靠性，反之亦然。在实际中，常常依据实际系统要求采取相对统一的办法，即在满足一定可靠性指标下，尽量提高消息的传输速率，即有效性；或者，在维持一定有效性条件下，尽可能提高系统的可靠性。二者如何进行选择，这需要根据通信系统具体要求来进行。

1. 有效性

通信系统的有效性可用传输速率来衡量，传输速率越高，则系统的有效性越好。对应于信号，传输速率快慢通常用以下参量来衡量。

(1) 码元传输速率 R_B

通信是用有限个波形来代表信息的，那么每秒钟所传输的数字波形的数目就是传输速率，即码元传输速率，通常又称为码元速率或波形速率，用符号 R_B 来表示，单位为波特(Baud)，常用符号“B” 表示(注意，不能用小写)。例如，某系统在 2 s 内共传送 4 800 个码元，则系统的传码率为 2 400 B。码元速率与码元宽度 T_b 有关，具体计算公式为

$$R_B=\frac{1}{T_b} \tag{1.1}$$

然而，仅用码元速率来表征有效性是不够的，因为码元速率仅仅表征的是单位时间内传送数字波形的个数，而没有限定这种波形采用的是多少进制。在实际通信中，由于传输的信息量通常比较大，一般采用多进制来进行信息的传输。码元速率 R_B 表征的是单位时间内传送的码元数，若通信系统能够不变，码元速率应该只与码元宽度 T_b 有关，与信号的进制数无关。根据这点我们可以知道多进制(N) 码元速率 R_{BN} 与二进制码元速率 R_{B2} 之间，在保证系统信息速率不变的情况下，相互可转换，转换关系式为

$$R_{B2}/\mathrm{B}=R_{BN}\cdot\log_2 N \tag{1.2}$$

式中 N——2^k，其中 $k=2,3,4,\cdots$。

(2) 信息传输速率 R_b

信息传输速率简称信息速率，又称为传信率、比特率等。信息传输速率用符号 R_b 表示。R_b 是指单位时间(每秒钟) 内传送的信息量，单位为比特 / 秒(bit/s)，简记为 b/s 或 bps。例如，若某信源在 1 s 内传送 1 200 个符号，且每一个符号的平均信息量为 1 bit，则该信源的 $R_b=1\ 200$ b/s 或 1 200 bps，R_b 也与 N 有关。

(3) 消息传输速率 R_m

消息传输速率也称消息速率，它被定义为单位时间(每秒钟) 内传输的消息数，用 R_m 表示。因消息的衡量单位不同，有各种不同的含义。例如，当消息的单位是汉字时，则 R_m 的单位为字 / 秒。消息速率在实际中应用不多。

(4)R_b 与 R_B 之间的互换

在二进制中，码元速率 R_{B2} 同信息速率 R_{b2} 的关系在数值上相等，但单位不同。在多进制中，R_{BN} 与 R_{bN} 之间数值不同，单位也不同。它们在数值上有如下关系式

$$R_{bN}=R_{BN}\cdot\log_2 N \tag{1.3}$$

在码元速率保持不变条件下，二进制信息速率 R_{b2} 与多进制信息速率 R_{bN} 之间的关系为

$$R_{b2}=\frac{R_{bN}}{\log_2 N} \tag{1.4}$$

(5) 频带利用率

频带利用率指的是传输效率问题，也就是说，我们不仅关心通信系统的传输速率，还要看在这样的传输速率下所占用的信道频带宽度是多少。如果频带利用率高，说明通信系统的传输效率高，否则相反。

频带利用率是指单位频带内码元传输速率的大小，单位为 B/Hz，即

$$\eta=\frac{R_B}{B} \tag{1.5}$$

频带宽度 B 的大小取决于码元速率 R_B，而码元速率 R_B 与信息速率有确定的关系。因此，频带利用率还可用信息速率 R_b 的形式来定义，以便比较不同系统的传输效率，即

$$\eta/(\mathrm{b}\cdot(\mathrm{s}\cdot\mathrm{Hz})^{-1})=\frac{R_b}{B} \tag{1.6}$$

2. 可靠性

衡量通信系统可靠性的指标，具体可用信号在传输过程中出错的概率来表述，即用差错率来衡量。差错率越大，表明系统可靠性越差。差错率通常有两种表示方法。

(1) 码元差错率 P_e

码元差错率 P_e 简称误码率，它是指接收错误的码元数在传送总码元数中所占的比例，更确切地说，误码率就是码元在传输系统中被传错的概率。其表达式为

$$P_e=\frac{\text{单位时间内接收的错误码元数}}{\text{单位时间内系统传输的总码元数(正确码元数}+\text{错误码元数)}} \tag{1.7}$$

(2) 信息差错率 P_{eb}

信息差错率 P_{eb} 简称误信率，或误比特率，它是指接收错误的信息量在传送信息总量中所占的比例，或者说，它是码元的信息量在传输系统中被丢失的概率。其表达式为

$$P_{eb}=\frac{\text{单位时间内系统传输中出错(丢失)的比特数(信息量)}}{\text{单位时间内系统传输的总比特数(总信息量)}} \tag{1.8}$$

误码率表达式(1.7)和误信率表达式(1.8)常常用来计算系统的误码率和误信率。

这里需要注意的问题是，一定要把码元速率 R_B 和信息速率 R_b 的条件搞清楚。另外还需强调的是，如果已知条件给出码元速率和收端出现错误的信息量，则同样需注意速率转换问题。

1.3 信 息 论

信息论是信息科学的主要理论基础之一，通过利用数学方法研究信息的度量、传递、交换和存储的一门研究信息的基本理论的科学，主要研究可能性和存在性问题，为具体实

现更好通信提供理论基础。

1.3.1 信息论的发展历史

1832年莫尔斯电码对香农编码理论的启发；

1885年凯尔文研究了一条电缆的极限传信速率；

1922年卡逊对调幅信号的频谱结构进行研究；

1924年奈奎斯特证明了信号传输速率和带宽成正比；

1928年Hartley提出信息应该由随机事件样本空间中元素个数的对数值来衡量；

1939年Dudley发明声码器；

1940年维纳将随机过程和数理统计引入通信与控制系统；

1948年香农发表《通信中的数学模型》；

1949年香农发表《保密系统中的通信理论》。

香农信息理论的基本思路，大致可归结为以下三个基本观点。

1. 非决定论观点

我们知道，在科学史上，直到20世纪初，拉普拉斯的决定论观点始终处于统治地位。这种观点认为，世界上一切事物的运动都严格地遵从一定的机械规律。因此，只要知道了它的原因，就可以唯一地决定它的结果，反过来，只要知道了它的结果，也就可以唯一地确定它的原因。或者，只要知道了某个事物的初始条件和运动规律，就可以唯一地确定它在各个时刻的运动状态。这种观点只承认必然性，排斥、否认偶然性。

根据通信问题研究对象的特点，信息理论按照非决定论的观点，采用了概率统计的方法，作为分析通信问题的数学工具，因而比以往的研究更切合实际、更科学、更有吸引力。

2. 形式化假说

可提出如下假设：虽然信息的语义因素和语用因素对于广义信息来说并不是次要因素，但对于作为“通信的消息”来理解的狭义信息来说是次要因素。因此，在描述和度量作为“通信的消息”来理解的狭义信息时，可以先把语义、语用因素搁置起来，假定各种信息的语义信息量和语用信息量恒定不变，而只单纯考虑信息的形式因素。

3. 不确定性

对通信过程作进一步分析就可发现，人们要进行通信，不外有两种情形：第一种情况是自己有某种形式的信息要告诉对方，同时估计对方既会对这种信息感兴趣，而又尚不知道这个信息。也就是说，对方在关于这个信息的知识上存在着不确定性。另一种情况是，自己有某种疑问要向对方询问，而且估计对方能够解答自己的疑问。在前一种情况下，如果估计对方已经了解了所欲告之的消息，自然就没有必要通信了；在后一种情况，如果自己没有疑问，当然就不必询问了。

这里所谓"疑问"、"不知道"，就是一种知识上的"不确定性"，即对某个事情的若干种可能结果，或对某个问题的若干可能答案，不能作出明确的判断。所以，我们可以把作为"通信的消息"来理解的"狭义信息"，看做（或明确定义）一种用来消除通信方知识上的"不确定性"的东西。由此，可以引申出一个十分重要而关键的结论：接收者收到某一消息后所获得的信息，可以用接收者在通信前后"不确定性"的消除量来度量。简而言之，接收者所得到的信息量，在数量上等于通信前后"不确定性"的消除量（或减少量）。这就是信息理论中度量信息的基本观点。

"不确定性"的消除量（减少量）也就是狭义信息量，也一定可由概率的某一函数表示，这样就完全解决了作为"通信的消息"来理解的"狭义信息"的度量问题。

1.3.2 信息论分类

从信息论的研究范畴来分，可以将信息论分为狭义信息论和广义信息论。

(1) 狭义信息论

狭义信息论又称为香农信息论，是指在信息可以度量的基础上，对如何有效、可靠地传递信息进行研究，涉及信息度量、信息特性、信息传输速率、信道容量、干扰对信息传输的影响等方面的知识。

一般信息论（通信理论）研究信号与噪声理论、信号检测理论、信号传输理论、信道编码、抗干扰理论、信号处理理论。

(2) 广义信息论

广义信息论包含通信的全部统计特性问题的研究，除了香农信息论之外，还包括信号设计、噪声理论、信号的检测与估值等更广泛的研究内容。

信息论的建立，在很大程度上澄清了通信的基本问题。它以概率论为工具，刻画了信源产生信息的数学模型，导出了度量信息的数学公式；同时，描述了信道传输信息的过程，给出了表征信道传输能力的容量公式；此外，它还建立了一组信息传输的编码定理，论证了信息传输的一些基本界限。这些成果的取得，一方面使通信技术从经验走向科学，开辟了通信科学的新纪元；同时，也为整个信息科学的形成和发展奠定了必要的理论基础。

第 2 章

信息量和信源的熵

对于信源来说有两个重要的问题:一个是如何计算信源输出的信息量,另一个是如何有效地表示信源的输出。当要求精确地重现信源输出时,就要求信源的无错编码,即信源编码问题,此问题在第 3 章中讨论。本章研究的是第一个问题,首先讨论信源分类、统计特性和数学模型,给出了自信息、互信息的表达式及信源的信息熵,并讨论信息熵的基本性质;然后研究离散集的平均互信息量、马尔可夫信息源的特点;最后分析信源的相关性和剩余度及信道容量。

2.1 信源分类

按照信源发出的消息在时间上和幅度上的分布情况分类,信源可分为离散信源和连续信源两种,如图 2.1 所示。离散信源是指发出时间和幅度都是离散分布的离散消息的信源,文字、数字等符号都是离散信源。连续信源是指发出在时间和幅度上都是连续分布的消息的信源,语言、图像等都是连续信源。

1. 离散无记忆信源

离散无记忆信源发出的各个符号是相互独立的,也就是信源发出的符号序列中的各个符号之间没有统计关联性,各个符号的出现概率是它自身的先验概率。发出单个符号的信源是指信源每次只发出一个符号代表一个消息;发出符号序列的信源是指信源每次发出一组含两个以上符号的符号序列代表一个消息。

2. 离散有记忆信源

离散有记忆信源发出的各个符号的概率是有关联的。这种概率关联性可用两种方式表示:第一种方式是用信源发出的一个符号序列的整体概率(即联合概率)反映有记忆信源的特征;第二种方式是用信源发出的符号序列内各个符号之间的条件概率来反映记忆特征。

- 信源
  - 离散信源
    - 离散无记忆信源
      - 发出单个符号的无记忆信源
      - 发出符号序列的无记忆信源
    - 离散有记忆信源
      - 发出符号序列的有记忆信源
      - 发出符号序列的马尔可夫信源
  - 连续信源

图 2.1　信源的分类

2.2 自信息量与互信息量

一般信源可以用一个概率空间来描述，而信源的不确定程度可用概率空间的可能状态数目及其概率来描述。

设信源[X]的概率空间为

$$\begin{bmatrix} X \\ P(x) \end{bmatrix} = \begin{bmatrix} x_1 & x_2 & \cdots & x_N \\ p(x_1) & p(x_2) & \cdots & p(x_N) \end{bmatrix}$$

式中　X—— 信源的状态空间，也就是随机事件的状态数；

$P(x)$—— 随机事件各可能状态的概率分布$\left(\sum p(x_i)=1\right)$，各状态相互独立。

信息论所关心的是这种随机变量的不确定性，正是这种不确定性，才使我们对随机变量进行观察和测量，并从中获取信息。

2.2.1　自信息量

信源发出的消息(事件)具有不确定性。而事件发生的不确定性与事件发生的概率大小有关，概率越小，不确定性越大，信息量就越大。大概率事件是预料之中的事件，不确定性小，即使发生也没什么信息量，特别是概率为 1 的确定事件发生以后，不会给人以任何信息量，因此随机事件的自信息量 $I(x_i)$ 是该事件发生概率 $p(x_i)$ 的函数。

$$I(x_i) = \log_a \frac{1}{p(x_i)} \tag{2.1}$$

称 $I(x_i)$ 为消息 x_i 的自信息量，表示信源发出一个消息 x_i 所带有的信息量。

自信息量 $I(x_i)$ 具有下列性质：

(1) 是非负值；

(2) 当 $p(x_i)=1$ 时，$I(x_i)=0$；

(3) 当 $p(x_i)=0$ 时，$I(x_i)=+\infty$；

(4) 是单调递减函数。

自信息量的单位与所用对数的底 a 有关：

① 比特(bit)：对数取 2 为底。② 奈特(nat)：对数取 e 为底。③ 哈特莱(hartley)：对数取 10 为底。在数字通信系统中，一般取以 2 为底的对数求信息量，在本书中探讨相关问题时，一般取以 2 为底。

$I(x_i)$ 代表两种含义：在事件 x_i 发生以前，等于事件 x_i 发生的不确定性的大小；在事件 x_i 发生以后，表示事件 x_i 所含有或所能提供的信息量。在无噪信道中，事件 A 发生以后，能正确无误地传输到收信者，所以 $I(x_i)$ 就等于收信者接收到 x_i 后所获得的信息量。这是因为消除了 $I(x_i)$ 的不确定性，才获得这么大小的信息量。

【例 2.1】　具有 4 个取值符号的随机变量 $X=[x_1,x_2,x_3,x_4]$，若各符号的概率相等均为 1/4，按照公式(2.1) 求得各符号的自信息量相等，为

$$I(x_1)=I(x_2)=I(x_3)=I(x_4)=-\log_2\frac{1}{4}=2\ \text{比特 / 符号}$$

再看单位，比特的含义是二进制数字，二进制数字只有两个，即"0" 和"1"。自信息量为 2 比特 / 符号，意味着其不确定性可用 2 位二进制数字来度量。这与我们的常识是相符合的，因为要区分 4 个等概率出现的符号，可用二进制数字"0" 和"1" 来给它们编号，每个符号恰好需要 2 位二进制数字，即 00、01、10、11。

如果计算自信息量时取对数底为 4，则

$$I(x_1)=I(x_2)=I(x_3)=I(x_4)=-\log_4\frac{1}{4}=1\ \text{比特 / 符号}$$

这意味着其不确定性只需 1 位四进制数字来度量。四进制数字有 4 个，即 0,1,2 和 3，给 4 个等概率出现的符号编号，每个符号恰好需要 1 位四进制数字。

2.2.2　互信息量

如观测输入为 $x_i(i=1,2,\cdots,N)$，观察结果为 $y_j(j=1,2,\cdots,M)$。从 y_j 中会得到有关输入符号 x_i 的信息，记 $I(x_i;y_j)$ 为 x_i 与 y_j 之间的互信息量，也称为事件信息。

信息是先验不确定性减去后验不确定性，$I(x_i;y_j)$ 应等于自信息量减去条件自信息量，即 x_i 的先验不确定性 $I(x_i)$ 减去 x_i 的后验不确定性 $I(x_i\mid y_j)$，得

$$\begin{aligned}I(x_i;y_j)&=I(x_i)-I(x_i\mid y_j)=\\&[-\log_2 p(x_i)]-[-\log_2 p(x_i\mid y_j)]=\\&\log_2\frac{p(x_i\mid y_j)}{p(x_i)}=\log_2\frac{p(x_i,y_j)}{p(x_i)p(y_j)}\end{aligned}\tag{2.2}$$

互信息的引出，使信息的传递得到了定量的表示，是信息论发展的一个重要的里程碑。

【例 2.2】　某地二月份天气出现的概率分别为晴 1/2，阴 1/4，雨 1/8，雪 1/8。某一天有人告诉你："今天不是晴天"，把这句话作为收到的消息 y_1，求收到 y_1 后，y_1 与各种天气的互信息量。

解 把各种天气记为 x_1(晴),x_2(阴),x_3(雨),x_4(雪)。收到消息 y_1 后,各种天气发生的概率变成了后验概率:

$$p(x_1 \mid y_1)=\frac{p(x_1 y_1)}{p(y_1)}=0$$

$$p(x_2 \mid y_1)=\frac{p(x_2 y_1)}{p(y_1)}=\frac{1/4}{1/4+1/8+1/8}=\frac{1}{2}$$

$$p(x_3 \mid y_1)=\frac{p(x_3 y_1)}{p(y_1)}=\frac{1/8}{1/4+1/8+1/8}=\frac{1}{4}$$

同理

$$p(x_4 \mid y_1)=\frac{1}{4}$$

根据互信息量的定义,可计算出 y_1 与各种天气之间的互信息:

$$I(x_1;y_1)=\log_2 \frac{p(x_1 \mid y_1)}{p(x_1)}=+\infty$$

$$I(x_2;y_1)=\log_2 \frac{p(x_2 \mid y_1)}{p(x_2)}=\log_2 \frac{1/2}{1/4}=1 \text{ bit}$$

$$I(x_3;y_1)=\log_2 \frac{p(x_3 \mid y_1)}{p(x_3)}=\log_2 \frac{1/4}{1/8}=1 \text{ bit}$$

$$I(x_4;y_1)=\log_2 \frac{p(x_4 \mid y_1)}{p(x_4)}=\log_2 \frac{1/4}{1/8}=1 \text{ bit}$$

2.3 平均自信息量——熵

自信息量 $I(x_i)(i=1,2,\cdots,N)$ 是指某一信源 X 发出某一消息符号 x_i 所含有的信息量。发出的消息不同,它们所含有的信息量也就不同。因此自信息量是一个随机变量,它不能用来作为整个信源的信息测度。这样,我们引入了平均自信息量,即信息熵。

在集 X 上,随机变量 $I(x_i)$ 的数学期望定义为平均自信息量,即

$$H(X) \triangleq E[I(x_i)]=E[-\log_2 p(x_i)]=-\sum_{i=1}^{N} p(x_i)\log_2 p(x_i) \tag{2.3}$$

称其为集 X 的信息熵,简称为熵。

集 X 的平均自信息量表示集 X 中事件出现的平均不确定性,即为了在观测之前,确定集 X 中出现一个事件平均所需的信息量;或者说,在观测之后,集 X 中每出现一个事件平均给出的信息量。也就是说,我们可通过随机试验获取信息,且该信息的数量恰好等于随机变量的熵。在这个意义上,我们可以把熵作为信息的量度。

信息熵 $H(X)$ 从平均意义上表征信源的总体特性,其含义体现在如下几方面:

(1) 在信源输出前,表示信源的平均不确定性;

(2) 在信源输出后，表示一个信源符号所提供的平均信息量；

(3) 表示信源随机性大小，$H(X)$ 大的，随机性大；

(4) 当信源输出后，不确定性就解除，熵可看成为解除信源不确定性所需信息量。

【例 2.3】 计算只能输出"1"，"0" 两个消息(状态) 的简单二元信源的熵。

解 (1) 当"1" 和"0" 出现的概率相等均为 1/2 时，即 $p(1)=p(0)=1/2$ 时，则信源熵

$$H(X)=\sum_{i=0}^{1} p(x_i)\log_2\left[\frac{1}{p(x_i)}\right]=1 \text{ bit}$$

(2) 当 $p(1)=0$ 或 $p(0)=1$ 时，则

$$H(X)=-p(1)\log_2 p(1)-p(0)\log_2 p(0)=0 \text{ bit}$$

(3) 同样，当 $p(0)=0$ 或 $p(1)=1$ 时，则

$$H(X)=0 \text{ bit}$$

这个简单二元信源的熵 $H(X)$ 与 $p(x_i)$ 的关系如图 2.2 所示。

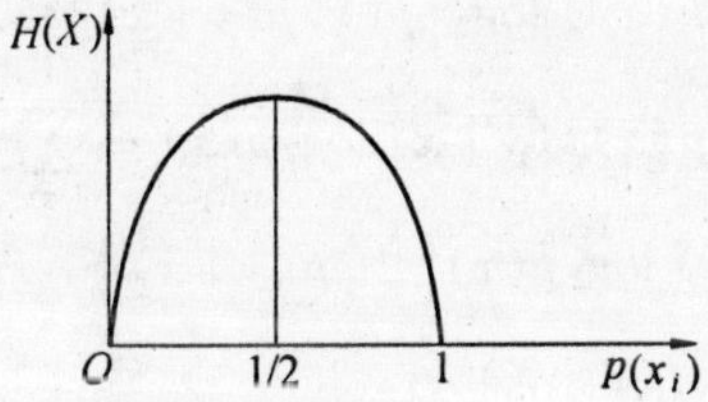

图 2.2　二元信源的熵 $H(X)$ 与 $p(x_i)$ 的关系

从图 2.2 中可见，当 $p(0)=0$(或 $p(1)=1$) 和 $p(0)=1$(或 $p(1)=0$) 时，熵 $H(X)=0$；当 $p(0)=p(1)=1/2$ 时，熵 $H(X)$ 出现最大值。

2.4　熵的基本性质

1. 对称性

当信源含有 N 个离散消息时，信源熵 $H(X)$ 是这 N 个消息发生概率的函数。我们把 $H(X)$ 写成

$$H(X)=H[p(x_1),p(x_2),\cdots,p(x_N)]=-\sum_{i=1}^{N} p(x_i)\log_2 p(x_i) \tag{2.4}$$

熵的对称性指 $p(x_1),p(x_2),\cdots,p(x_N)$ 的顺序任意互换时，熵的值不变，即熵仅与信源的总体特性有关，与个别消息的概率甚至与随机变量的取值无关。

2. 非负性

即

$$H(X)\geqslant 0 \tag{2.5}$$

由 $H(X)$ 的计算式：$H(X)=-\sum_{i=1}^{N}p(x_i)\log_2 p(x_i)$，其中 $p(x_i)$ 为随机变量 X 的概率分布，通常取 $0<p(x_i)<1$，对于大于 1 的对数底，显然有

$$\log_2 p(x_i)<0,\quad -p(x_i)\log_2 p(x_i)>0$$

故有 $H(X)\geqslant 0$，只有信源 X 为确定事件，即某一事件 x_i 出现概率为 1 时等号才成立。

3. 可加性

设两个随机变量集合 X,Y 及它们联合集 XY 的熵分别为 $H(X),H(Y),H(XY)$，则

$$H(XY)=H(X)+H(Y\mid X) \tag{2.6}$$

证

由定义可得

$$\begin{aligned}H(XY)=&-\sum_x\sum_y p(xy)\log_2 p(xy)=\\&-\sum_x\sum_y p(xy)\log_2[p(x)p(y\mid x)]=\\&-\sum_x\sum_y p(x)p(y\mid x)\log_2 p(x)-\sum_x\sum_y p(xy)\log_2 p(y\mid x)=\\&-\sum_x p(x)\log_2 p(x)\Big[\sum_y p(y\mid x)\Big]+H(Y\mid X)=\\&H(X)+H(Y\mid X)\end{aligned}$$

可加性是信源熵的重要特征。正因为具有可加性，可以证明熵的形式是唯一的，不可能有其他形式存在。

4. 极值性

$$H(p_1,p_2,\cdots,p_n)\leqslant H\Big(\frac{1}{n},\frac{1}{n},\cdots,\frac{1}{n}\Big)=\log_2 n \tag{2.7}$$

式中 n—— 随机变量 X 的可能取值的个数。

对于离散随机变量集合，当集合中的事件等概率发生时，熵达到最大值，这就是离散最大熵定理。

这一性质说明当信源中各事件的出现概率趋于均等时，即没有任何事件占据更大的确定性时，信源具有最大熵，即平均不确定性最大。

证

设随机变量集合有 n 个符号，概率分布为 $P(x)$；$Q(x)$ 为等概率分布，即 $Q(x)=1/n$。根据散度不等式有

$$\begin{aligned}D(P\mid Q)=&\sum_x P(x)\log_2\frac{P(x)}{Q(x)}=\\&\sum_x P(x)\log_2 P(x)+\sum_x P(x)\log_2(1/n)=\end{aligned}$$

$$-H(X)+\log_2 n \geqslant 0$$

即 $H(x) \leqslant \log_2 n$，仅当 $P(x)$ 等概率分布时等号成立。

5. 确定性

$$H(1,0)=H(1,0,0)=\cdots=H(1,0,\cdots,0)=0 \tag{2.8}$$

在概率矢量中，只要有一个分量为1，其他分量必为0，它们对熵的贡献均为0，因此熵等于0，也就是说确定信源的平均不确定度为0。

6. 连续性

当信源的某一概率分量发生微小波动，而要求符号状态数保持不变时，其他分量必然发生相应的微小变化，形成另一个信源 X'，其信源空间为

$$\begin{matrix} X' & x_1 & x_2 & \cdots & x_i & \cdots & x_n \\ P & p_1+\varepsilon_1 & p_2+\varepsilon_2 & \cdots & p_i+\varepsilon_i & \cdots & p_n+\varepsilon_n \end{matrix}$$

其中 $\sum\limits_{j\neq i}\varepsilon_j=\varepsilon_i, \varepsilon_j \geqslant 0; j\neq i, 0<(p_j\mp\varepsilon_j)<1; j\neq i, 0<(p_i\pm\varepsilon_i)<1$。

信源 X' 的熵为

$$H(X_n)=-\{\sum_{j\neq i}(p_j\mp\varepsilon_j)\log_2(p_j\mp\varepsilon_j)\}-(p_i\pm\varepsilon_i)\log_2(p_i\pm\varepsilon_i) \tag{2.9}$$

当微小波动趋于0时，有

$$\lim_{\varepsilon\to 0}H(X_n)=-\sum_{i=1}^{n}p_i\log_2 p_i=H(X) \tag{2.10}$$

这说明熵函数为一个连续函数。

2.5　熵的唯一性定理

以上从概念出发给出熵函数的定义，并讨论了它的性质。熵是概率矢量各分量的对数值取负的数学期望。下面将证明：当满足一些性质时，熵函数形式是唯一的。

性质 1　对任意 n，函数 $H_n(p_1,p_2,\cdots,p_n)$ 是 $p_i(i=1,2,\cdots,n)$ 的连续和对称函数。

性质 2　扩展性。对任意 n，有

$$H_{n+1}(p_1,\cdots,p_n,0)=H_n(p_1,\cdots,p_n) \tag{2.11}$$

性质 3　极值性。对任意 n，有

$$H_n(p_1,\cdots,p_n)\leqslant H_n(1/n,1/n,\cdots,1/n) \tag{2.12}$$

性质 4　强可加性。若

$$p_i p_{ij}\geqslant 0,\quad \sum_{i=1}^{n}\sum_{j=1}^{m}p_i p_{ij}=1,\quad \sum_{j=1}^{m}p_{ij}=1$$
$$(i=1,2,\cdots,n;j=1,2,\cdots,m) \tag{2.13}$$

有

$$H_{nm}(p_1p_{11},p_1p_{12},\cdots,p_1p_{1m},\cdots,p_np_{n1},p_np_{n2},\cdots,p_np_{nm})=$$

$$H_n(p_1,p_2,\cdots,p_n)+\sum_{i=1}^{n}p_iH_m(p_{i1},p_{i2},\cdots,p_{im}) \tag{2.14}$$

熵的唯一性定理：令 $H_n(p_1,p_2,\cdots,p_n)$ 是概率矢量 $\boldsymbol{P}=(p_1,p_2,\cdots,p_n)$ 的非负实函数，其中：$p_i\geqslant 0$，$\sum_{i=1}^{n}p_i=1(i=1,2,\cdots,n)$。若 $H_n(\boldsymbol{P})$ 满足上面性质，则

$$H_n(p_1,p_2,\cdots,p_n)=-\lambda\sum_{i=1}^{n}p_i\log_2 p_i$$

证明

(1) 首先讨论特殊情况，即概率矢量 $\boldsymbol{P}$ 是等概分布的情况，$p_i=1/n(i=1,2,\cdots,n)$。为了证明书写简便，我们令

$$L(n)=H_n(\frac{1}{n},\frac{1}{n},\cdots,\frac{1}{n}) \tag{2.15}$$

根据性质 2 和 3 得

$$L(n)=H_n(\frac{1}{n},\cdots,\frac{1}{n})=H_{n+1}(\frac{1}{n},\cdots,\frac{1}{n},0)\leqslant$$

$$H_{n+1}(\frac{1}{n+1},\frac{1}{n+1},\cdots,\frac{1}{n+1})=L(n+1) \tag{2.16}$$

可见，$L(n)$ 是 n 的单调非降函数。

根据性质 4 强可加性，首先令

$$m=n,\quad p_i=\frac{1}{n},\quad p_{ij}=\frac{1}{n}$$

$$(i=1,2,\cdots,n;j=1,2,\cdots,m) \tag{2.17}$$

得

$$H_{n^2}\left(\frac{1}{n^2},\cdots,\frac{1}{n^2}\right)=H_n\left(\frac{1}{n},\cdots,\frac{1}{n}\right)+\sum_{i=1}^{n}\frac{1}{n}H_n\left(\frac{1}{n},\cdots,\frac{1}{n}\right) \tag{2.18}$$

即得

$$L(n^2)=L(n)+L(n)=2L(n)$$

又令

$$m=n^2,\quad p_i=\frac{1}{n},\quad p_{ij}=\frac{1}{n^2}$$

$$(i=1,2,\cdots,n;j=1,2,\cdots,n^2) \tag{2.19}$$

根据强可加性得

$$H_{n^3}\left(\frac{1}{n^3},\cdots,\frac{1}{n^3}\right)=H_n\left(\frac{1}{n},\cdots,\frac{1}{n}\right)+\sum_{i=1}^{n}\frac{1}{n}H_{n^2}\left(\frac{1}{n^2},\frac{1}{n^2},\cdots,\frac{1}{n^2}\right)=$$

$$H_n\left(\frac{1}{n},\cdots,\frac{1}{n}\right)+H_{n^2}\left(\frac{1}{n^2},\frac{1}{n^2},\cdots,\frac{1}{n^2}\right) \tag{2.20}$$

即得

$$L(n^3)=L(n)+L(n^2)=L(n)+2L(n)=3L(n) \tag{2.21}$$

以此类推,假设对于 $r-1$($r\geqslant 1$ 的任意正整数),有

$$L(n^{r-1})=(r-1)L(n) \tag{2.22}$$

现令

$$m=n^{r-1},\quad p_i=\frac{1}{n},\quad p_{ij}=\frac{1}{n^{r-1}}$$

$$(i=1,2,\cdots,n;j=1,2,\cdots,n^{r-1}) \tag{2.23}$$

同理根据性质 4,得

$$H_{n^r}\left(\frac{1}{n^r},\cdots,\frac{1}{n^r}\right)=H_n\left(\frac{1}{n},\cdots,\frac{1}{n}\right)+\sum_{i=1}^{n}\frac{1}{n}H_{n^{r-1}}\left(\frac{1}{n^{r-1}},\cdots,\frac{1}{n^{r-1}}\right) \tag{2.24}$$

即得

$$\begin{aligned}L(n^r)=L(n)+L(n^{r-1})=&\\ L(n)+(r-1)L(n)=&\\ rL(n)&\end{aligned} \tag{2.25}$$

由此证得,对于任意 $r\geqslant 1$ 的正整数,有

$$L(n^r)=rL(n) \tag{2.26}$$

现设 n,r,m 均为正整数,且满足 $r\geqslant 1,n\geqslant m\geqslant 2$,则必存在正整数 s 使下列不等式成立:

$$m^s\leqslant n^r\leqslant m^{s+1} \tag{2.27}$$

得

$$s\log_2 m\leqslant r\log_2 n\leqslant (s+1)\log_2 m \tag{2.28}$$

由于 $m>1$,即$\log_2 m>0$,所以有

$$\frac{s}{r}\leqslant\frac{\log_2 n}{\log_2 m}\leqslant\frac{s+1}{r} \tag{2.29}$$

而由式(2.16)的单调非降性,得

$$L(m^s)\leqslant L(n^r)\leqslant L(m^{s+1}) \tag{2.30}$$

又根据式(2.26),上式可写成

$$sL(m)\leqslant rL(n)\leqslant (s+1)L(m) \tag{2.31}$$

同理,由于 $m>1,L(m)>0$,上式为

$$\frac{s}{r}\leqslant\frac{L(n)}{L(m)}\leqslant\frac{s+1}{r} \tag{2.32}$$

由式(2.29)和式(2.32)可得

$$\left|\frac{L(n)}{L(m)}-\frac{\log_2 n}{\log_2 m}\right|\leqslant\frac{1}{r} \tag{2.33}$$

上式左边与 r 无关,而 r 是大于1的任意正整数,所以 $r\to+\infty$ 时式(2.33)仍成立,因而可得

$$\frac{L(n)}{L(m)}=\frac{\log_2 n}{\log_2 m} \tag{2.34}$$

由于 n、m 是任意正整数,所以可有

$$L(n)=\lambda\log_2 n \tag{2.35}$$

其中 λ 为常数,它与 n、m 无关。

因此,证得在 $\boldsymbol{P}$ 是等概分布的特殊情况下

$$H_n\left(\frac{1}{n},\frac{1}{n},\cdots,\frac{1}{n}\right)=\lambda\log_2 n=-\lambda\sum_{i=1}^{n}\frac{1}{n}\log_2\frac{1}{n} \tag{2.36}$$

(2) 现证明 $p_i(i=1,2,\cdots,n)$ 为任意有理数的一般情况。

设概率矢量 $\boldsymbol{P}=(p_1,p_2,\cdots,p_n)$,其分量为

$$p_i=\frac{m_i}{m}\quad(i=1,2,\cdots,n) \tag{2.37}$$

其中 $m_i(i=1,2,\cdots,n)$ 是正整数,且

$$\sum_{i=1}^{n}m_i=m \tag{2.38}$$

性质4可以看成原随机变量 X 有 n 个元素,其中每一个元素可分割成 m 个元素的小子集,这样分割得新的随机变量的元素为 nm 个,其不确定性增加,熵增加。更为一般的情况是各子集分割的元素 m 可不相同。现假设每个元素 i 分割成 m_i 个元素的子集,而且在这小子集中 m_i 个元素是等概分布。因此得第 i 个小子集中每个元素的概率为 $\frac{1}{m_i}$,即 $p_{ij}=\frac{1}{m_i}(j=1,2,\cdots,m_i)$。这样,整个空间分割成 $\sum_{i=1}^{n}m_i=m$ 个元素,每个元素出现的概率为

$$p_i p_{ij}=p_i\cdot\frac{1}{m_i}=\frac{m_i}{m}\cdot\frac{1}{m_i}=\frac{1}{m}$$

$$(i=1,2,\cdots,n;j=1,2,\cdots,m_i) \tag{2.39}$$

由此可见,新的概率空间成为 m 个元素等概分布的概率空间。由性质4可得

$$H_m\left(\frac{1}{m},\frac{1}{m},\cdots,\frac{1}{m}\right)=$$
$$H_m(p_1,p_2,\cdots,p_n)+\sum_{i=1}^{n}p_iH_{m_i}\left(\frac{1}{m_i},\cdots,\frac{1}{m_i}\right) \tag{2.40}$$

由式(2.35)可得

$$H_m\left(\frac{1}{m},\cdots,\frac{1}{m}\right)=L(m)=\lambda\log_2 m$$
$$H_{m_i}\left(\frac{1}{m_i},\cdots,\frac{1}{m_i}\right)=L(m_i)=\lambda\log_2 m_i \tag{2.41}$$

代入式(2.40),得

$$\begin{aligned}\lambda\log_2 m = & H_n(p_1,p_2,\cdots,p_n)+\sum_{i=1}^{n}p_i\lambda\log_2 m_i=\\ & H_n(p_1,p_2,\cdots,p_n)+\lambda\sum_{i=1}^{n}p_i\log_2(m\cdot p_i)=\\ & H_n(p_1,p_2,\cdots,p_n)+\lambda\sum_{i=1}^{n}p_i\log_2 m+\lambda\sum_{i=1}^{n}p_i\log_2 p_i=\\ & H_n(p_1,p_2,\cdots,p_n)+\lambda\log_2 m+\lambda\sum_{i=1}^{n}p_i\log_2 p_i\end{aligned} \tag{2.42}$$

即得式

$$H_n(p_1,p_2,\cdots,p_n)=-\lambda\sum_{i=1}^{n}p_i\log_2 p_i \tag{2.43}$$

最后,因为假定函数 $H_n(p)$ 是连续函数(性质 1),因此可以得出式(2.43) 对于 p_i 的任意非负实数都成立。由此证得,满足性质 1、2、3、4 的熵函数的形式是唯一的,它是式(2.43) 的形式。

【证毕】

在式(2.43) 中 λ 是一常数,它由对数的底来决定,只影响所取的单位,因此一般可令 $\lambda=1$。从上述证明过程中我们可以看出,熵函数是对数形式的证明,与公理性条件有着密切关系,满足定理的 4 条性质,则得到的是香农定义的熵函数。香农在其 1948 年发表的论文中对熵函数的对数函数形式进行了数学证明。证明中的公理性条件与定理中的是一致的。只是香农选用了"等概信源的熵函数 $H_n\left(\frac{1}{n},\frac{1}{n},\cdots,\frac{1}{n}\right)$ 是其事件个数 n 的单调递增函数"这一条公理。正是由性质 2 和 3 证得式(2.43),证得等概信源的熵函数是 n 的单调非递降函数。所以,它们是一致的。当然,给出的公理性条件不同,就可能会得出一些其他的函数形式,这就是人们试图对香农信息熵的拓宽和加深。

2.6 离散集的平均互信息量

2.6.1 离散集的平均互信息量定义

互信息量 $I(x_i;y_j)$ 表示某一事件 y_j 所给出的关于另一个事件 x_i 的信息量，它随 x_i 和 y_j 的变化而变化，为了从整体上表示从一个随机变量 Y 所给出关于另一个随机变量 X 的信息量，定义互信息量 $I(x_i;y_j)$ 在 XY 的联合概率空间中的统计平均值为随机变量 X 和 Y 间的平均互信息量。

定义

$$
\begin{aligned}
I(X;Y)=&\sum_{i=1}^{n}\sum_{j=1}^{m}p(x_iy_j)I(x_i;y_j)=\\
&\sum_{i=1}^{n}\sum_{j=1}^{m}p(x_iy_j)\log_2\frac{p(x_i\mid y_j)}{p(x_i)}=\\
&\sum_{i=1}^{n}\sum_{j=1}^{m}p(x_iy_j)\log_2\frac{1}{p(x_i)}-\sum_{i=1}^{n}\sum_{j=1}^{m}p(x_iy_j)\log_2\frac{1}{p(x_i\mid y_j)}=\\
&H(X)-H(X\mid Y)
\end{aligned}
\tag{2.44}
$$

条件熵 $H(X\mid Y)$ 表示给定随机变量 Y 后，对随机变量 X 仍然存在的不确定度，所以 Y 关于 X 的平均互信息量是收到 Y 前后关于 X 的不确定度减少的量，也就是从 Y 所获得的关于 X 的平均信息量。

2.6.2 平均互信息量的性质

下面我们不加证明地列出平均互信息量的以下基本性质：

性质 1 非负性

$$I(X;Y)\geqslant 0 \tag{2.45}$$

性质 2 对称性

$$I(X;Y)=I(Y;X) \tag{2.46}$$

平均互信息量 $I(X;Y)$ 的对称性表示从集 Y 中获得关于 X 的信息量等于从集 X 中获得关于 Y 的信息量。当集 X 和集 Y 统计独立时，则有

$$I(X;Y)=I(Y;X)=0$$

性质 3 极值性

$$I(X;Y)\leqslant H(X) \tag{2.47}$$

$$I(X;Y)\leqslant H(Y) \tag{2.48}$$

性质 4 凸函数性

平均互信息量是信源概率分布 $p(x)$ 和信道传递概率 $p(x \mid y)$ 的凸函数，即

$$I[ap_1(x)+\bar{a}p_2(x)] \geqslant aI[p_1(x)]+\bar{a}I[p_2(x)] \tag{2.49}$$

式中　$0<a<1$；

$0<\bar{a}<1$；

$p(x)=ap_1(x)+\bar{a}p_2(x)$。

性质 5　平均互信息和各类熵的关系

平均互信息和熵、条件熵的关系为

$$I(X;Y)=H(X)-H(X \mid Y) \tag{2.50}$$

$$I(X;Y)=H(Y)-H(Y \mid X) \tag{2.51}$$

平均互信息和熵、联合熵的关系为

$$I(X;Y)=H(X)+H(Y)-H(XY) \tag{2.52}$$

平均互信息量 $I(X;Y)$ 和各类熵的关系可用维拉图表示，如图 2.3 所示。

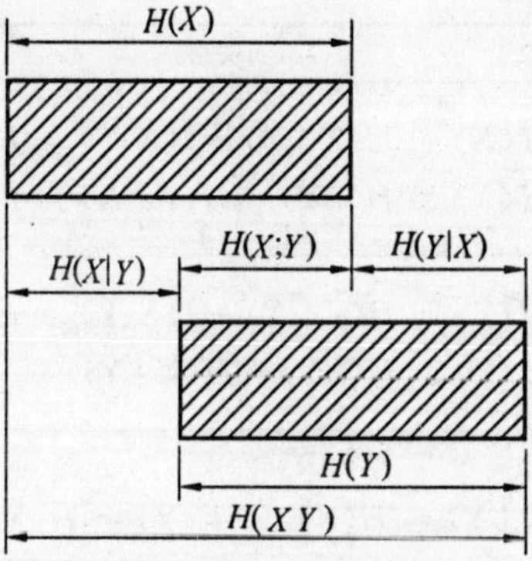

图 2.3　各种熵的关系

图中两个长方形的长度分别代表熵 $H(X)$ 和 $H(Y)$；其重叠部分的长度代表平均互信息量 $I(X;Y)$；不重叠部分的长度分别代表条件熵 $H(X \mid Y)$ 和 $H(Y \mid X)$；而总长度代表共熵 $H(XY)$。当集 X 和 Y 统计独立时，$I(X;Y)=0$，得

$$H(XY)_{\max}=H(X)+H(Y) \tag{2.53}$$

为了更便于理解，我们再把它们的关系列于表 2.1 中。

最后，我们将上述关系推广到多个随机变量构成的概率空间之间的关系。假设，有 k 个随机变量 $X_1,X_2,\cdots,X_k$ 的组，其联合概率分布为

$$p(x_1,x_2,\cdots,x_k)=P(X_1=x_1,X_2=x_2,\cdots,X_k=x_k) \tag{2.54}$$

则该 k 个随机变量组的熵定义为

$$H(X_1,X_2,\cdots,X_k)=-\sum_{j_1=1}^{n_1}\sum_{j_2=1}^{n_2}\cdots\sum_{j_k=1}^{n_k}p(x_{j_1},x_{j_2},\cdots,x_{j_k})\log_2 p(x_{j_1},x_{j_2},\cdots,x_{j_k}) \tag{2.55}$$

将 $p(x_1,x_2,\cdots,x_k)$ 分解成

$$p(x_1,x_2,\cdots,x_k)=p(x_1)\,p(x_2\mid x_1)\,p(x_3\mid x_1x_2)\cdots p(x_k\mid x_1x_2\cdots x_{k-1}) \tag{2.56}$$

将式(2.56)代入式(2.55)得

$$\begin{aligned}H(X_1,X_2,\cdots,X_k)=&H(X_1)+H(X_2\mid X_1)+H(X_3\mid X_1X_2)+\cdots+\\&H(X_k\mid X_1X_2\cdots X_{k-1})=\\&\sum_{i=1}^{k}H(X_i\mid X_1X_2\cdots X_{i-1})\end{aligned} \tag{2.57}$$

性质 6 三维联合集 XYZ 上的平均互信息量，有

$$I(X;YZ)=I(X;Y)+I(X;Z\mid Y) \tag{2.58}$$

根据互信息量的对称性，由式(2.58)可得

$$I(YZ;X)=I(Y;X)+I(Z;X\mid Y) \tag{2.59}$$

$$I(X;YZ)=I(X;ZY)=I(X;Z)+I(X;Y\mid Z) \tag{2.60}$$

表 2.1 各种熵之间的关系

名称	符号	关系	图示
无条件熵	$H(X)$	$H(X)=H(X\mid Y)+I(X;Y)\geqslant H(X\mid Y)$ $H(X)=H(XY)-H(Y\mid X)$	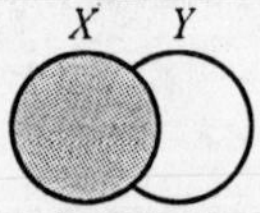
	$H(Y)$	$H(Y)=H(Y\mid X)+I(X;Y)\geqslant H(Y\mid X)$ $H(Y)=H(XY)-H(X\mid Y)$	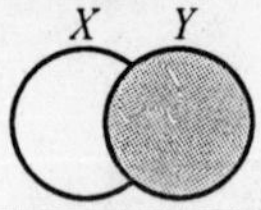
条件熵	$H(X\mid Y)$	$H(X\mid Y)=H(XY)-H(Y)=H(X)-I(X;Y)$	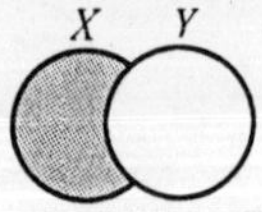
	$H(Y\mid X)$	$H(Y\mid X)=H(XY)-H(X)=H(Y)-I(X;Y)$	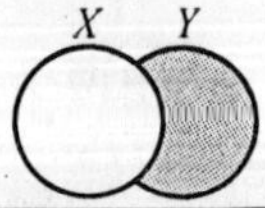
联合熵	$H(XY)=H(YX)$	$H(XY)=H(X)+H(Y\mid X)=H(Y)+H(X\mid Y)=$ $H(X)+H(Y)-I(X;Y)=$ $H(X\mid Y)+H(Y\mid X)+I(X;Y)$	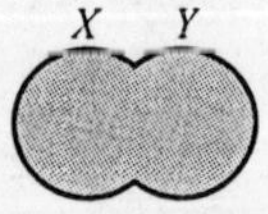
交互熵	$I(X;Y)=I(Y;X)$	$I(X;Y)=H(X)-H(X\mid Y)=$ $H(Y)-H(Y\mid X)=$ $H(XY)-H(Y\mid X)-H(X\mid Y)=$ $H(X)+H(Y)-H(XY)$	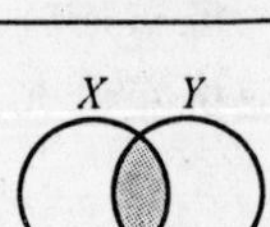

2.7　马尔可夫信源

2.7.1　马尔可夫信源

在许多信源的输出序列中，符号之间的依赖关系是有限的。也就是说，任何时刻信源符号发生的概率只与前面已经发出的若干个符号有关，而与更前面发出的符号无关。这类信源输出符号时不仅与符号集有关，还与信源的状态有关。设一般信源所处的状态 $S \in \{e_1, e_2, \cdots, e_j\}$，在每一状态下可能输出的符号 $X \in \{x_1, x_2, \cdots, x_n\}$；并认为每一时刻信源发出一个符号后，所处的状态将发生转移。信源输出的随机符号序列为

$$X_1, X_2, \cdots, X_{l-1}, X_l, \cdots \tag{2.61}$$

信源所处的随机状态序列为

$$S_1, S_2, \cdots, S_{l-1}, S_l, \cdots \tag{2.62}$$

在第 l 时刻，信源处于状态 e_i 时，输出符号 x_k 的概率给定为

$$p_l(x_k \mid e_i) = P(X_l = x_k \mid S_l = e_i) \tag{2.63}$$

另假设信源在 $l-1$ 时刻处于 e_i 状态，下一时刻转移到 e_j 的状态转移概率为

$$p_l(e_j \mid e_i) = P(S_l = e_j \mid S_{l-1} = e_i) \tag{2.64}$$

可见，信源的随机状态序列服从马尔可夫链。式(2.64)的条件概率称为马尔可夫链在时刻 l 的状态一步转移概率。一般情况下，状态转移概率和已知状态下符号发生的概率均与时刻 l 有关。如这些概率与时刻 l 无关，即满足

$$p_l(x_k \mid e_i) = p(x_k \mid e_i) \tag{2.65}$$

$$p_l(e_j \mid e_i) = p(e_j \mid e_i) \tag{2.66}$$

则称为时齐的或齐次的。此时的信源状态序列服从时齐马尔可夫链。若信源输出的符号和所处的状态满足下列两个条件，则称为马尔可夫信源。

(1) 某一时刻信源符号的输出只与此刻信源所处的状态有关，与以前的状态和以前的输出符号都无关，即

$$p_l(X_l = x_k \mid S_l = e_i, X_{l-1} = x_{k_1}, S_{l-1} = e_j, \cdots) = p_l(x_k \mid e_i) \tag{2.67}$$

当具有时齐性时，有

$$p_l(x_k \mid e_i) = p(x_k \mid e_i) \tag{2.68}$$

(2) 信源某 l 时刻所处的状态由当前的输出符号和前一时刻($l-1$)信源的状态唯一确定，即

$$P(S_l = e_j \mid X_l = x_m, S_{l-1} = e_i) = \begin{cases} 0 \\ 1 \end{cases} \tag{2.69}$$

此条件表明，若信源处于某一状态 e_i，当它发出一个符号后，所处的状态就变了。状

态的转移依赖于发出的信源符号，因此任何时刻信源处在什么状态完全由前一时刻的状态和发出的符号决定。又因为条件概率 $p(x_k \mid e_i)$ 已给定，所以状态的转移满足一定的概率分布，并可求出状态的一步转移概率 $p(e_j \mid e_i)$。

这种信源的状态序列在数学上可以作为时齐马尔可夫链来处理，故可用马尔可夫链的状态转移图来描述信源。在状态转移图上，每一圆圈代表一种状态，状态之间的有向线代表某一状态向另一状态的转移。有向线一侧的符号和数字分别代表发出的符号和条件概率 $P(x_k \mid e_i)$。

【例 2.4】 设信源符号为 $X \in \{a_1, a_2, a_3\}$，信源所处的状态为 $u \in S = \{S_1, S_2, S_3, S_4, S_5\}$，各状态之间的转移情况如图 2.4 所示，判断该信源是不是马尔可夫信源。

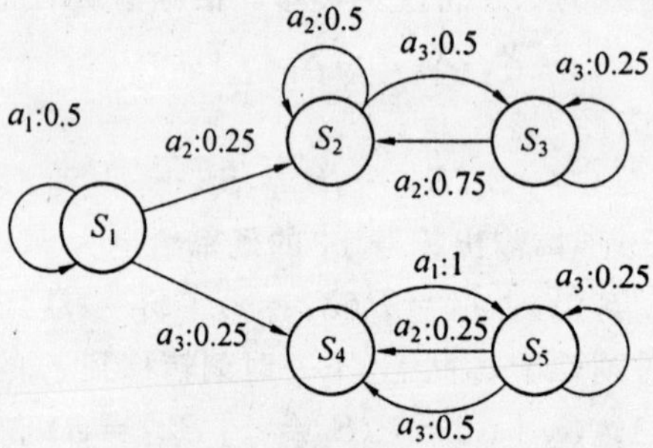

图 2.4 状态转移图

解 由图 2.4 可知，各状态下发出符号的条件概率分别为

$$P(a_1 \mid S_1)=0.5 \quad P(a_2 \mid S_2)=0.5 \quad P(a_3 \mid S_3)=0.25$$

$$P(a_1 \mid S_5)=0.25 \quad P(a_3 \mid S_2)=0.5 \quad P(a_2 \mid S_3)=0.75$$

$$P(a_1 \mid S_4)=1 \quad P(a_2 \mid S_5)=0.25 \quad P(a_3 \mid S_5)=0.5$$

$$P(a_2 \mid S_1)=0.25 \quad P(a_3 \mid S_1)=0.25 \quad \text{其他 } P(a_k \mid S_i)=0$$

可见，它们满足 $\sum_{k=1}^{3} p(a_k \mid S_i)=1(i=1,2,3,4,5)$。又由图 2.4 可知

$$p(u_l=S_2 \mid x_l=a_1, u_{l-1}=S_1)=0$$

$$p(u_l=S_1 \mid x_l=a_1, u_{l-1}=S_1)=1$$

$$p(u_l=S_2 \mid x_l=a_2, u_{l-1}=S_1)=1$$

$$p(u_l=S_2 \mid x_l=a_3, u_{l-1}=S_1)=0$$

$$\vdots$$

根据上面的结果，可求得各状态的转移概率为

$P(S_1 \mid S_1)=0.5$　$P(S_2 \mid S_2)=0.5$　$P(S_3 \mid S_3)=0.5$

$P(S_3 \mid S_2)=0.5$　$P(S_2 \mid S_3)=0.75$　$P(S_5 \mid S_4)=1$

$P(S_5 \mid S_5)=0.25$　$P(S_4 \mid S_5)=P(a_2 \mid S_5)+P(a_3 \mid S_5)=0.75$

$P(S_2 \mid S_1)=0.25$　$P(S_4 \mid S_1)=0.25$　其余 $P(S_j \mid S_i)=0$

可见该信源满足马尔可夫信源的所有条件式，是马尔可夫信源。由此例还可以看出，对于一般的 m 阶(即记忆长度为 m) 马尔可夫信源，其数学模型可由一组信源符号集和一组条件概率确定；而通过引入状态转移概率，就可转化为马尔可夫链，因此马尔可夫信源的状态空间可表述为

$$\begin{bmatrix} S_1 & S_2 & \cdots & S_q^m \\ & p(S_j \mid S_i) & & \end{bmatrix} \tag{2.70}$$

式中，状态转移概率 $p(S_j \mid S_i)[i,j \in (1,2,\cdots,q^m)]$ 由信源符号条件概率确定。

2.7.2　马尔可夫信源的信息熵

一般马尔可夫信源输出的消息是非平稳的随机序列，它们的各维概率分布随时间的推移可能会改变。根据马尔可夫信源定义可知，虽然在由信源输出的符号序列和信源所处的状态序列形成的随机序列中，不同时刻的各维概率分布可能会不相同，但其在什么状态下发什么符号的概率分布以及某一状态到另一状态的转移都是唯一确定的。我们可计算当信源处于某状态 S_i 时，发出一个信源符号所携带的平均信息量，即在状态 S_i 下发一个符号的条件熵为

$$H(X \mid u=S_j)=-\sum_{k=1}^{q} p(a_k \mid S_j)\log_2 p(a_k \mid S_j) \tag{2.71}$$

由于马尔可夫信源发出的符号序列中符号之间是有依赖的，并且这种依赖关系有可能是无限的。所以，一般马尔可夫信源的信息熵只能是其平均符号熵的极限值，即

$$H_{+\infty}=H_{+\infty}(X)=\lim_{N\to+\infty}\frac{1}{N}H(X_1X_2\cdots X_{N-1}X_N) \tag{2.72}$$

当时间足够长时，齐次、遍历的 m 阶马尔可夫信源可以当成平稳信源处理。根据离散平稳有记忆信源的极限熵的表达式及马尔可夫信源发出的符号只与最近的 m 个符号有关，可推出对 m 阶马尔可夫信源熵的极限值为

$$\begin{aligned} H_{+\infty}=H_{+\infty}(X)=\lim_{N\to+\infty}\frac{1}{N}H(X_1X_2\cdots X_{N-1}X_N)= \\ \lim_{N\to+\infty}\frac{1}{N}H(X_N \mid X_1X_2\cdots X_{N-1})= \\ H(X_{m+1} \mid X_1X_2\cdots X_m)=H_{m+1} \end{aligned} \tag{2.73}$$

即 m 阶马尔可夫信源的极限熵等于 m 阶条件熵。

对于齐次、遍历的马尔可夫链，其状态 S_j 可由 $a_{k_1},a_{k_2},\cdots,a_{k_m}$ 唯一确定，可有

$$p(a_{k_{m+1}} \mid a_{k_m}, \cdots, a_{k_1}) = p(a_{k_{m+1}} \mid S_j) \tag{2.74}$$

上式两端同时取对数，并对 $(a_{k_1}, a_{k_2}, \cdots, a_{k_m}, a_{k_{m+1}})$ 和 S_j 求统计平均再取负，可得

$$\begin{aligned} \text{左端} &= -\sum_{k_1,k_2,\cdots,k_{m+1},S_j} p(a_{k_{m+1}}, \cdots, a_{k_1}; S_j) \cdot \log_2 p(a_{k_{m+1}} \mid a_{k_m}, \cdots, a_{k_1}) = \\ &-\sum_{k_1,k_2,\cdots,k_{m+1},S_j} p(a_{k_{m+1}}, \cdots, a_{k_1}) \cdot \log_2 p(a_{k_{m+1}} \mid a_{k_m}, \cdots, a_{k_1}) = \\ &H(a_{k_{m+1}} \mid a_{k_m}, \cdots, a_{k_1}) = H_{m+1} \end{aligned} \tag{2.75}$$

$$\begin{aligned} \text{右端} &= -\sum_{k_1,k_2,\cdots,k_{m+1},S_j} p(a_{k_{m+1}}, \cdots, a_{k_1}; S_j) \cdot \log_2 p(a_{k_{m+1}} \mid S_j) = \\ &-\sum_{k_1,k_2,\cdots,k_{m+1},S_j} p(a_{k_{m+1}}, \cdots, a_{k_1}; S_j) p(a_{k_{m+1}} \mid S_j) \cdot \log_2 p(a_{k_{m+1}} \mid S_j) = \\ &-\sum_{k_{m+1}} \sum_{S_j} p(S_j) p(a_{k_{m+1}} \mid S_j) \cdot \log_2 p(a_{k_{m+1}} \mid S_j) = \\ &\sum_{S_j} p(S_j) H(X \mid S_j) \end{aligned} \tag{2.76}$$

所以有

$$\begin{aligned} H_{m+1} &= \sum_{S_j} p(S_j) H(X \mid S_j) = \\ &-\sum_{k_{m+1}} \sum_{S_j} p(S_j) p(a_{k_{m+1}} \mid S_j) \cdot \log_2 p(a_{k_{m+1}} \mid S_j) \end{aligned} \tag{2.77}$$

式中，熵函数 $H(X \mid S_j)$ 表示信源处于某一状态 S_j 时发出的一个消息符号的平均不确定性；$p(S_j)$ 是马尔可夫链的平稳分布，且满足

$$p(S_j) = \sum_{S_k \in S} p(S_k) p(S_j \mid S_k); \quad \sum_{S_j \in S} p(S_j) = 1 \tag{2.78}$$

式(2.77)就是齐次、遍历的 m 阶马尔可夫信源的熵计算公式。

实际上，m 阶马尔可夫信源的一步状态转移概率是可以测定的。因此，关键问题是马尔可夫信源稳定后($N \to +\infty$)其状态极限概率 $p(S_j)$ 是否存在，即要判断由 m 个符号组成的状态所构成的马尔可夫链是否具有各态遍历性。如果是，则由已知的一步转移概率代入式(2.78)，即可解出状态极限概率 $p(S_j)$，再代入式(2.77)就可计算出极限熵。m 阶马尔可夫信源的极限熵表示信源稳定后每发出一个符号所能提供的平均信息量。

2.7.3 随机过程的信息量和熵

令 $X(t)$ 和 $Y(t)$ 是在 $[0,T]$ 时间段上的两个随机过程，它们满足平方可积条件，即能量有限。其正交展开为

$$X(t) = \sum_{n=1}^{+\infty} X_n \varphi_n(t) \tag{2.79}$$

$$Y(t)=\sum_{n=1}^{+\infty}Y_n\varphi_n(t) \tag{2.80}$$

其中

$$X_n=\int_0^T X(t)\varphi_n(t)\,\mathrm{d}t \quad (n=1,2,\cdots) \tag{2.81}$$

$$Y_n=\int_0^T Y(t)\varphi_n(t)\,\mathrm{d}t \quad (n=1,2,\cdots) \tag{2.82}$$

于是两个随机过程可以用两个无穷随机变量序列来表示，每个随机变量取值范围是连续的。对任意 N，设它们的联合概率密度为

$$\omega(X_1,X_2,\cdots,X_N,Y_1,Y_2,\cdots,Y_N)=\omega(X,Y) \tag{2.83}$$

随机矢量

$$\boldsymbol{X}=(X_1,X_2,\cdots,X_N) \tag{2.84}$$

$$\boldsymbol{Y}=(Y_1,Y_2,\cdots,Y_N) \tag{2.85}$$

的微分熵和它们之间的互信息为

$$H_C(X)=-\int\omega(x)\log_2\omega(x)\,\mathrm{d}x \tag{2.86}$$

$$H_C(Y)=-\int\omega(y)\log_2\omega(y)\,\mathrm{d}y \tag{2.87}$$

$$H_C(X\mid Y)=-\int\omega(x,y)\log_2\omega(x\mid y)\,\mathrm{d}x\mathrm{d}y \tag{2.88}$$

$$H_C(Y\mid X)=-\int\omega(x,y)\log_2\omega(y\mid x)\,\mathrm{d}y\mathrm{d}x \tag{2.89}$$

$$I(X;Y)=\int\omega(x,y)\log_2\frac{\omega(x\mid y)}{\omega(x)\omega(y)}\mathrm{d}x\mathrm{d}y \tag{2.90}$$

当以上式子中 $N\to+\infty$时，就得到随机过程的熵、条件熵和互信息。

$$H_C[X(t)]=\lim_{N\to+\infty}H_C[X] \tag{2.91}$$

$$H_C[Y(t)]=\lim_{N\to+\infty}H_C[Y] \tag{2.92}$$

$$H_C[X(t)\mid Y(t)]=\lim_{N\to+\infty}H_C[X\mid Y] \tag{2.93}$$

$$H_C[Y(t)\mid X(t)]=\lim_{N\to+\infty}H_C[Y\mid X] \tag{2.94}$$

$$I(X(t);Y(t))=\lim_{N\to+\infty}I(X;Y) \tag{2.95}$$

例如：$X(t)$，$Z(t)$ 为零均值独立高斯过程，则它们正交展开中系数是统计独立的高斯随机变量，记

$$Y(t)=X(t)+Z(t) \quad (0\leqslant t\leqslant T) \tag{2.96}$$

则 $Y(t)$ 也是高斯过程。若 $Z(t)$ 是功率谱密度为$\dfrac{N_0}{2}$的白噪声，则 $Z(t)$ 展开系数是均值为

零、方差为$\frac{N_0}{2}$的独立高斯随机变量。于是

$$H_C(Z)=\sum_{n=1}^{N}H_C(Z_n)=\frac{1}{2}\sum_{n=1}^{N}\ln\left(2\pi e\cdot\frac{N_0}{2}\right)=\frac{N}{2}\ln(\pi e N_0) \tag{2.97}$$

同样 $Y(t)$ 的展式的各系数统计独立，均值为零，方差为

$$E[Y_n^2]=E[(X_n+Z_n)^2]=EX_n^2+EZ_n^2=S_n+\frac{N_0}{2} \tag{2.98}$$

其中

$$S_n=E(X_n^2) \tag{2.99}$$

所以

$$H_C(Y)=\sum_{n=1}^{N}H_C(Y_n)=\frac{1}{2}\sum_{n=1}^{N}\ln\left[2\pi e\left(S_n+\frac{N_0}{2}\right)\right] \tag{2.100}$$

所以

$$H_C(Y)-H_C(Y\mid X)=H_C(Y)-H_C(Z)=\frac{1}{2}\sum_{n=1}^{N}\ln\frac{S_n+N_0/2}{N_0/2} \tag{2.101}$$

如果 $X(t)$ 的功率为 S，即 $S_n=S$，则当 $N\to+\infty$时

$$I(X(t);Y(t))=\frac{1}{2}\sum_{n=1}^{N}\ln\left(1+\frac{2S}{N_0}\right) \tag{2.102}$$

2.8 信源的相关性和剩余度

在前面几节，讨论了离散平稳信源及其熵率。实际的离散信源可能是非平稳的，对于非平稳信源来说，其极限熵 $H_{+\infty}$ 不一定存在，但为了方便通常假定它是平稳的，用平稳信源的 $H_{+\infty}$ 来近似。然而即使对于一般的离散平稳信源，求 $H_{+\infty}$ 值也是很困难的，那么进一步假定它是 m 阶马尔可夫信源，用 m 阶马尔可夫信源的条件熵 H_{m+1} 来近似(大多数平稳信源都可以用马尔可夫信源来近似，即认为输出符号只与前 m 个符号有关)。当 $m=1$ 时是最简单的离散平稳有记忆信源，这时 $H_{m+1}=H_2=H(X_2\mid X_1)$。若再进一步简化信源模型，则可以假设信源为离散平稳无记忆信源，这时可用单符号离散信源的平均自信息量来近似，$H_1=H(X)$。最后，还可以假定信源输出的符号是等概率分布的，因此可以用最大熵来近似，$H_0=\log_2 q$。所以，对于一般的离散信源，根据研究的目的不同，可以用不同的信源模型来近似。

根据定理有

$$\log_2 q=H_0\geqslant H_1\geqslant H_2\geqslant\cdots\geqslant H_{m+1}\geqslant\cdots\geqslant H_{+\infty}$$

对于一个离散平稳信源，其输出的每个符号实际所携带的平均信息量用熵率 $H_{+\infty}$ 表

示。由于信源输出符号间的依赖关系也就是信源的相关性，使信源的 $H_{+\infty}$ 减小。信源输出符号间统计约束关系越长，信源的 $H_{+\infty}$ 越小。当信源输出符号间彼此不存在依赖关系且为等概率分布时，信源的 $H_{+\infty}$ 等于最大熵 H_0。例如信源符号集有 4 个符号，最大熵为 2 比特 / 符号，输出一个由 10 个符号构成的符号序列，最多包含 $10\times2=20$ bit 的信息量。假如由于符号间的相关性或不等概分布，使信源的实际熵减小到 1.2 比特 / 符号，输出的符号序列平均所含的信息量为 $10\times1.2=12$ bit，而如果信源输出符号间没有相关性并且符号等概分布，则输出 12 bit 的信息量只需输出 6 个符号就可以了，说明信源存在剩余。因此引入信源剩余度(冗余度) 概念。

为了衡量符号间的相互依赖程度，我们定义信源熵的相对率为信源实际的信息熵与同样符号数的最大熵的比值，即

$$\eta=H_{+\infty}/H_0 \tag{2.103}$$

信源的冗余度为 1 减去信源熵的相对率 η，即

$$\zeta=1-\eta=(H_0-H_{+\infty})/H_0 \tag{2.104}$$

冗余度也称为多余度、剩余度或富裕度。式(2.104) 说明，信源的符号数一定，符号间的记忆长度越长，极限熵 $H_{+\infty}$ 就越小，差值 $I_{0\infty}=H_0-H_{+\infty}$ 就越大，我们称 $I_{0\infty}$ 为信息变差。信源的实际熵为 $H_{+\infty}$，但 $H_{+\infty}$ 很难得到，于是我们用 H_0 来表达信源，两者之差代表了语言结构所确定的信息，故 $I_{0\infty}$ 也称为结构信息。$I_{0\infty}$ 越大，冗余度就越大。可见冗余度能够用来衡量信息源符号间的依赖程度。

【例 2.5】 以英文字母为例，说明信源的冗余度，当英文 26 个字母加上空格共 27 个字符等概率时，最大熵为 $H_0=\log_2 27=4.766$ 比特 / 字母。

考虑到各字母出现的概率，而不考虑字符间依赖关系时，得到 $H_1=4.036$ 比特 / 字母。同时还可以算出 $H_2=3.326$ 比特 / 字母，$H_3=3.31$ 比特 / 字母。

一般认为 $H_{+\infty}=1.4$ 比特 / 字母，所以熵的相对率 $\frac{H_{+\infty}}{H_0}$ 和冗余度 ζ 为

$$\frac{H_{+\infty}}{H_0}=0.29,\quad \zeta=71\%$$

表明用英语写文章 71% 是由语言结构预先确定的信息，仅有 29% 才是由作者自由选择的。

2.9 连续随机变量的互信息和微分熵

在前面研究离散随机变量信息度量的基础上，现在着手对连续信源的研究，如果一个信源的输出仅发生在离散时间间隔而取值是连续值，那么称为离散时间连续信源。这种信源可以通过连续时间信源在时间上的离散化来实现，这样，连续时间信源的熵可以通过

离散时间连续信源来计算。同样,对于离散时间连续信源熵的研究,又可以采用在信源取值上的离散化来实现。对于离散信源,熵是其平均不确定性的量度。而连续信源的不确定性本质上是无限大,因此研究连续信源的信息度量肯定与离散情况有所不同。通常,研究连续随机变量信息度量的方法是:先将连续集合的取值区间离散化,得到离散集合,计算此离散集合的信息度量,再令这些离散区间的数目趋近于无限大(即每个离散区间的大小都趋近于零),把这个无限离散集合信息度量的极限值作为该连续随机变量的信息度量。计算结果发现,用这种方法处理后,两个连续集合之间的平均互信息保留了与离散情况类似的性质,而连续集合的熵则包含两部分,其中一项趋近无限大,称为绝对熵,另一项为有限值,称为差熵或微分熵。

2.9.1 连续随机变量的熵

假设 $x\in[a,b]$,令 $\Delta x=(b-a)/n$, $x_i\in[a+(i-1)\Delta x,a+i\Delta x]$,$p_X(x)$ 为连续变量 X 的概率密度函数,则利用中值定理 X 取 x_i 的概率是

$$p(x_i)=\int_{a+(i-1)\Delta x}^{a+i\Delta x}p_X(x)\,\mathrm{d}x=p_X(x_i)\,\Delta x \tag{2.105}$$

根据离散信源熵的定义,则

$$H_n(X)=-\sum_{i=1}^{n}p(x_i)\log_2 p(x_i)=-\sum_{i=1}^{n}p_X(x_i)\Delta x\log_2 p_X(x_i)\Delta x$$

当 $n\to+\infty$时,即 $\Delta x\to 0$ 时,由积分定义得

$$\begin{aligned}H(X)&=\lim_{n\to+\infty}H_n(X)=\\&-\int_a^b p(x_i)\log_2 p_X(x_i)\,\mathrm{d}x-\lim_{\Delta x\to 0}\log_2\Delta x\int_a^b p_X(x_i)\,\mathrm{d}x=\\&-\int_a^b p_X(x_i)\log_2 p_X(x_i)\,\mathrm{d}x-\lim_{\Delta x\to 0}\log_2\Delta x\end{aligned} \tag{2.106}$$

第二项为无穷大,这说明连续随机变量的潜在信息量是无穷的。但在实际中,由于客观条件的限制,不可能将区间划分得过细。一般将式中的第二项称为绝对熵。第一项具有离散信源熵的形式,是定值。将第二项丢掉后定义连续信源熵为

$$H_C(X)=-\int_{-\infty}^{+\infty}p(x)\log_2 p(x)\mathrm{d}x$$

这样定义的熵,称为连续随机变量的相对熵,或称微分熵。连续随机变量的相对熵具有离散熵的主要特性,即可加性,但不具有非负性,因为它略去了一个无穷大的正值。

连续熵的公式要小心应用,有这样一个例子:有一个连续信源,它输出的信号服从图 2.5(a) 所示的概率分布密度,其熵为

$$H(X)=-\int_{-\infty}^{+\infty}p(x)\log_2 p(x)\,\mathrm{d}x=-\int_1^3(1/2)\log_2(1/2)\,\mathrm{d}x=1\text{ 比特}\quad(2.107)$$

若将这个信源的输出信号放大 2 倍后，被放大信号的概率分布密度如图 2.5(b) 所示，其熵为

$$H(X)=-\int_{-\infty}^{+\infty}p(x)\log_2 p(x)\,\mathrm{d}x=-\int_2^6(1/4)\log_2(1/4)\mathrm{d}x=2\text{ 比特}$$

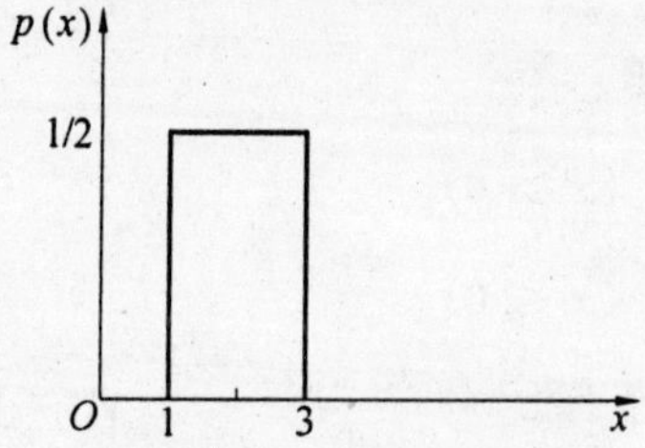

(a)一个信源输出信号的概率分布密度

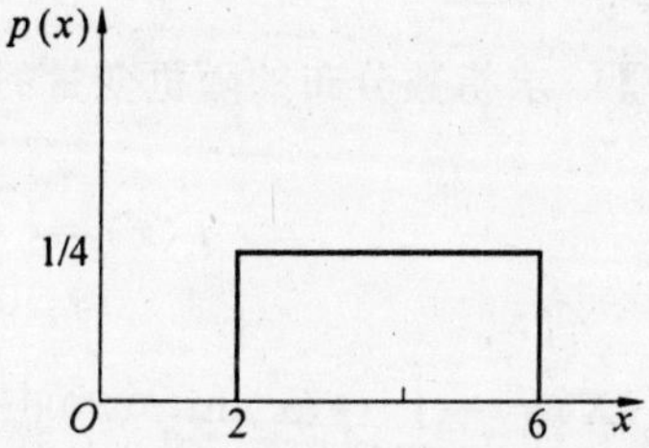

(b)信号放大两倍后的概率分布密度

图 2.5　输出信号概率分布密度

一个信号被放大以后，其信息量是不可能增加的。上述两种情况中，信源的绝对熵并没有改变，只是第二种情况无穷大项比第一种情况小了 1 bit。因为第二种情况下 $\mathrm{d}x_2$ 是第一种情况下 $\mathrm{d}x_1$ 的 2 倍，即 $\mathrm{d}x_2=2\mathrm{d}x_1$，因此

$$\log_2\frac{1}{\mathrm{d}x_2}=\log_2\frac{1}{2\mathrm{d}x_1}=\log_2\frac{1}{2}+\log_2\frac{1}{\mathrm{d}x_1}=-1+\log_2\frac{1}{\mathrm{d}x_1}$$

尽管如此，在要考虑有关熵的差的情况下，使用熵的定义

$$H(x)=-\int_{-\infty}^{+\infty}p(x)\log_2 p(x)\,\mathrm{d}x$$

不会引起任何麻烦。

【例 2.6】　求均值为 m，方差为 σ^2 的高斯分布的随机变量的微分熵。

解　高斯随机变量的概率密度为

$$p(x)=\frac{1}{\sqrt{2\pi}\,\sigma}\mathrm{e}^{-\frac{(x-m)^2}{2\sigma^2}}$$

微分熵为

$$\begin{aligned}H(X)=&-\int_{-\infty}^{+\infty}p(x)\log_2 p(x)\,\mathrm{d}x=\\&-\int_{-\infty}^{+\infty}p(x)\log_2\left[\frac{1}{\sqrt{2\pi}\,\sigma}\mathrm{e}^{-\frac{(x-m)^2}{2\sigma^2}}\right]\mathrm{d}x=\\&-\int_{-\infty}^{+\infty}p(x)\log_2\frac{1}{\sqrt{2\pi}\,\sigma}\mathrm{d}x-\log_2\mathrm{e}\int_{-\infty}^{+\infty}p(x)\left[-\frac{(x-m)^2}{2\sigma^2}\right]\mathrm{d}x=\\&\log_2\sqrt{2\pi}\,\sigma+\log_2\mathrm{e}\int_{-\infty}^{+\infty}p(x)\frac{(x-m)^2}{2\sigma^2}\mathrm{d}x=\end{aligned}$$

$$\log_2\sqrt{2\pi}\sigma+\frac{1}{2}\log_2 e=$$

$$\log_2\sqrt{2\pi e}\sigma$$

这里对数以 2 为底，所得微分熵的单位为比特 / 样值，如果对数取以 e 为底，则得到 $H(X)=\log\sqrt{2\pi e}\sigma$ 奈特 / 样值，我们看到，正态分布的连续信源的微分熵与数学期望 m 无关，只与方差 σ^2 有关。

【例 2.7】 求指数分布的随机变量的微分熵。

$$p(x)=\begin{cases}\frac{1}{a}e^{-\frac{x}{a}} & (x>0)\\ 0 & (x\leqslant 0)\end{cases}$$

解 $H(X)=-\int_{-\infty}^{+\infty}p(x)\ln p(x)\,dx=$

$$-\int_0^{+\infty}p(x)\ln\left[\frac{1}{a}e^{-\frac{x}{a}}\right]dx=$$

$$-\int_0^{+\infty}p(x)\ln\frac{1}{a}dx-\int_0^{+\infty}p(x)\ln e^{-\frac{x}{a}}dx=$$

$$\ln a\int_0^{+\infty}p(x)\,dx+\frac{1}{a}\ln e\int_0^{+\infty}xp(x)\,dx$$

考虑到 $\int_0^{+\infty}xp(x)\,dx=a$，$\int_0^{+\infty}p(x)\,dx=1$

因此

$$H(x)=\ln a+\ln e=\ln ae$$

所以指数分布的相对熵只取决于信源的均值 a。

2.9.2 连续随机变量的联合熵、条件熵以及平均互信息量

微分熵的概念可推广到多个连续随机变量，于是有联合微分熵和条件微分熵。它们与普通微分熵一样，都只具有相对意义。以下讨论两个连续随机变量下联合微分熵和条件微分熵的定义式。多于两个随机变量的情形可类推。

连续随机变量 X 和 Y 的联合微分熵 $H_C(XY)$ 定义为

$$H_C(XY)=-\int_{-\infty}^{+\infty}p_{XY}(x,y)\log_2 p_{XY}(x,y)\,dx\,dy \tag{2.108}$$

连续随机变量 X 和 Y 的条件微分熵 $H_C(X|Y)$ 定义为

$$H_C(X|Y)=-\int_{-\infty}^{+\infty}\int_{-\infty}^{+\infty}p_{XY}(x,y)\log_2 p_{X|Y}(x|y)\,dx\,dy \tag{2.109}$$

各类微分熵之间存在与离散熵相类似的关系，例如恒等关系式为

$$H_C(XY)=H_C(X)+H_C(Y|X)=H_C(Y)+H_C(X|Y) \tag{2.110}$$

不等关系为

$$H_C(X|Y) \leqslant H_C(X)$$
$$H_C(XY) \leqslant H_C(X) + H_C(Y) \tag{2.111}$$

式中，等号成立的充要条件是 X 与 Y 统计独立。

任意两个连续随机变量 X 与 Y 之间的平均互信息量 $I(X;Y)$ 的计算式为

$$I(X;Y) = -\int_{-\infty}^{+\infty}\int_{-\infty}^{+\infty} p_{XY}(x,y)\log_2 \frac{p_{XY}(x,y)}{p_X(x)p_Y(y)}\mathrm{d}x\mathrm{d}y =$$
$$-\int_{-\infty}^{+\infty}\int_{-\infty}^{+\infty} p_{XY}(x,y)\log_2 \frac{p_{X|Y}(x|y)}{p_X(x)}\mathrm{d}x\mathrm{d}y \tag{2.112}$$

式(2.112)可用离散化取极限的方法严格推出，是精确的，并没有舍弃无穷大项取相对值，因此采用与离散情形下相同的符号，即 $I(X;Y)$。

由此可推出平均互信息量与微分熵之间的关系为

$$I(X;Y) = -\int_{-\infty}^{+\infty}\int_{-\infty}^{+\infty} p_{XY}(x,y)\log_2 \frac{p_{X|Y}(x|y)}{p_X(x)}\mathrm{d}x\mathrm{d}y =$$
$$\int_{-\infty}^{+\infty}\log_2 p_X(x)\mathrm{d}x\int_{-\infty}^{+\infty} p_{XY}(x,y)\mathrm{d}y +$$
$$\int_{-\infty}^{+\infty}\int_{\infty}^{+\infty} p_{XY}(x,y)\log_2 p_{XY}(x|y)\mathrm{d}x\mathrm{d}y =$$
$$-\int_{-\infty}^{+\infty} p_X(x)\log_2 p_X(x)\mathrm{d}x + \int_{-\infty}^{+\infty}\int_{-\infty}^{+\infty} p_{XY}(x,y)\log_2(x|y)\mathrm{d}x\mathrm{d}y$$

即

$$I(X;Y) = H_C(X) - H_C(X|Y) \tag{2.113}$$

平均互信息量概念本身就具有相对意义，求平均互信息量时，实际连续熵中的无穷大项相互抵消了，只剩下有限值相减。连续情况下的平均互信息量有实际的物理意义，仍具有互易性和非负性，即

$$I(X;Y) = H_C(X) - H_C(X|Y) = H_C(Y) - H_C(Y|X) = I(Y;X)$$
$$I(X;Y) \geqslant 0 \tag{2.114}$$

【例 2.8】 XY 是二维正态随机变量，$\mathrm{E}[X]=\mathrm{E}[Y]=0$，$\mathrm{Var}[X]=\sigma_1^2$，$\mathrm{Var}[Y]=\sigma_2^2$，$\rho=\dfrac{\mathrm{E}[XY]}{\sigma_1\sigma_2}$。求：$H_C(X)$，$H_C(X\mid Y)$，$I(X;Y)$。

解　根据概率论知识可知，联合概率密度函数为

$$p_{XY}(x,y) = \frac{1}{2\pi\sigma_1\sigma_2\sqrt{1-\rho^2}}\exp[(-x^2/\sigma_1^2 + y^2/\sigma_2^2 - 2\rho xy/\sigma_1\sigma_2)/(2(1-\rho)^2)]$$

由此可求出边缘密度和条件密度为

$$p_X(x) = \int_{-\infty}^{+\infty} p_{XY}(x,y)\mathrm{d}y = \frac{1}{\sqrt{2\pi\sigma_1^2}}\exp[-x^2/(2\sigma_1^2)]$$

$$p_Y(y)=\int_{-\infty}^{+\infty}p_{XY}(x,y)\mathrm{d}x=\frac{1}{\sqrt{2\pi\sigma_2^2}}\exp[-y^2/(2\sigma_2^2)]$$

$$p_{X|Y}(x|y)=p_{XY}(x,y)/p_Y(y)=$$

$$\frac{1}{\sqrt{2\pi\sigma_1^2(1-\rho^2)}}\exp\left[-\frac{\left(x-\frac{\sigma_1}{\sigma_2}\rho y\right)^2}{2\sigma_1^2(1-\rho^2)}\right]$$

再由微分熵的定义式,得

$$H_C(X)=\log_2\sqrt{2\pi e\sigma_1^2}$$

$$H_C(X\mid Y)=\log_2\sqrt{2\pi e\sigma_1^2(1-\rho^2)}$$

于是

$$I(X;Y)=H_C(X)-H_C(X|Y)=\log_2\sqrt{1/(1-\rho^2)}$$

对离散信源来说,当信源呈等概率分布时,信源熵取最大值,而连续信源的情况有所不同。如果没有限制条件,就没有最大熵。在不同的限制条件下,信源的最大熵也不同。通常有三种情况是我们最感兴趣的:① 信源输出值受限的情况;② 信源输出的平均功率受限的情况;③ 均值受限的情况。下面分别加以讨论。

1. 限峰值功率的最大熵定理

若代表信源的 N 维随机变量的取值被限制在一定的范围之内,则在有限的定义域内,均匀分布的连续信源具有最大熵。

设 N 维随机变量

$$X\in\prod_{i=1}^{N}(a_i,b_i)\quad(b_i>a_i) \tag{2.115}$$

其均匀分布的概率密度函数为

$$p(x)=\begin{cases}\dfrac{1}{\prod\limits_{i=1}^{N}(b_i-a_i)} & \left(x\in\prod\limits_{i=1}^{N}(b_i-a_i)\right)\\[2ex] 0 & \left(x\notin\prod\limits_{i=1}^{N}(b_i-a_i)\right)\end{cases} \tag{2.116}$$

除均匀分布以外的其他任意概率密度函数记为 $q(x)$,并用 $H_C[p(x),X]$ 和 $H_C[q(x),X]$ 分别表示均匀分布和任意分布连续信源的熵。在

$$\int_{a_N}^{b_N}\cdots\int_{a_1}^{b_1}p(x)\mathrm{d}x_1\mathrm{d}x_2\cdots\mathrm{d}x_N=\int_{a_N}^{b_N}\cdots\int_{a_1}^{b_1}q(x)\mathrm{d}x_1\mathrm{d}x_2\cdots\mathrm{d}x_N=1 \tag{2.117}$$

的条件下有

$$H_C[q(x),X]=-\int_{a_N}^{b_N}\cdots\int_{a_1}^{b_1}q(x)\log_2 q(x)\mathrm{d}x_1\cdots\mathrm{d}x_N=$$

$$\int_{a_N}^{b_N}\cdots\int_{a_1}^{b_1} q(x)\log_2\left[\frac{1}{q(x)}\cdot\frac{p(x)}{p(x)}\right]\mathrm{d}x_1\cdots\mathrm{d}x_N=$$

$$-\int_{a_N}^{b_N}\cdots\int_{a_1}^{b_1} q(x)\log_2 p(x)\mathrm{d}x_1\cdots\mathrm{d}x_N+$$

$$\int_{a_N}^{b_N}\cdots\int_{a_1}^{b_1} q(x)\log_2\frac{p(x)}{q(x)}\mathrm{d}x_1\cdots\mathrm{d}x_N \tag{2.118}$$

令

$$z=\frac{p(x)}{q(x)} \tag{2.119}$$

显然

$$z\geqslant 0$$

只要 $p(x)$ 不恒为 0，则

$$z>0 \tag{2.120}$$

得

$$H_C[q(x),X]\leqslant-\int_{a_N}^{b_N}\cdots\int_{a_1}^{b_1} q(x)\log_2\frac{1}{\prod_{i=1}^{N}(b_i-a_i)}\mathrm{d}x_1\cdots\mathrm{d}x_N+$$

$$\int_{a_N}^{b_N}\cdots\int_{a_1}^{b_1} q(x)\left[\frac{p(x)}{q(x)}-1\right]\mathrm{d}x_1\cdots\mathrm{d}x_N=$$

$$\log_2\prod_{i=1}^{N}(b_i-a_i)+1-1=H_C[p(x),X] \tag{2.121}$$

即

$$H_C[q(x),X]\leqslant H_C[p(x),X] \tag{2.122}$$

这就证明，在定义域有限的条件下，以均匀分布的连续信源的熵为最大，当 X 取值于任意 N 维区域而不是立方体时，结果也一样。

在实际问题中，常令 $b_i\geqslant 0, a_i=-b_i, i=1,2,\cdots,N$。这种定义域边界的平移并不影响信源的总体特性，因此不影响熵的取值。此时，随机变量 $X_i\,(i=1,2,\cdots,N)$ 的取值就被限制在 $\pm b_i$ 之间，峰值就是 $|b_i|$。如果我们把取值看做是输出信号的幅度，则相应的峰值功率就是 b_i^2。所以，上述定理被称为峰值功率受限条件下的最大连续熵定理，简称限峰值功率的最大熵定理。此时的最大熵值为

$$H_C[p(x),X]=\log_2\prod_{i=1}^{N}[b_i-(-b_i)]=\log_2\prod_{i=1}^{N}2b_i \tag{2.123}$$

2. 限平均功率的最大熵定理

若信源输出信号的平均功率 P 和均值 m 被限定，则其输出信号幅度的概率密度函数为高斯分布时，信源具有最大熵值。这个定理被称为限平均功率的最大熵定理。

单变量连续信源 X 呈高斯分布时的概率密度函数为

$$p(x)=\frac{1}{\sqrt{2\pi\sigma^2}}e^{-\frac{(\lambda-m)^2}{2\sigma^2}} \tag{2.124}$$

当 X 是高斯分布以外的其他任意分布时，概率密度函数记为 $q(x)$。由约束条件知

$$\int_{-\infty}^{+\infty}p(x)\,dx=\int_{-\infty}^{+\infty}q(x)\,dx=1 \tag{2.125}$$

$$\int_{-\infty}^{+\infty}xp(x)\,dx=\int_{-\infty}^{+\infty}xq(x)\,dx=m \tag{2.126}$$

$$\int_{-\infty}^{+\infty}x^2p(x)\,dx=\int_{-\infty}^{+\infty}x^2q(x)\,dx=p \tag{2.127}$$

因为随机变量 X 的方差

$$E[(X-m)^2]=E[X^2]-m^2=p^2-m^2=\sigma^2 \tag{2.128}$$

所以，上述的平均功率和均值受限的条件，相当于方差受限的条件

$$\int_{-\infty}^{+\infty}(x-m)^2p(x)\,dx=\int_{-\infty}^{+\infty}(x-m)^2q(x)\,dx=\sigma^2 \tag{2.129}$$

特别的，当均值 m 为零时，平均功率就等于方差，即

$$\sigma^2=p \tag{2.130}$$

所以，对平均功率和均值的限制就等于对方差的限制。这样，我们就可以把平均功率受限的问题变成方差受限的问题来讨论，而把平均功率受限当成是 $m=0$ 的情况下，方差受限的特例。

为了方便起见，我们把任意分布的连续信源的熵记为 $H_C[q(x),X]$；高斯分布的连续信源的熵记为 $H_C[p(x),X]$。从前面的讨论已知

$$H_C[p(x),X]=\frac{1}{2}\log_2(2\pi e\sigma^2) \tag{2.131}$$

而任意分布的连续信源的熵为

$$\begin{aligned}H_C[q(x),X]&=-\int_{-\infty}^{+\infty}q(x)\log_2q(x)\,dx=\\&\int_{-\infty}^{+\infty}q(x)\log_2\left[\frac{1}{q(x)}\cdot\frac{p(x)}{p(x)}\right]dx=\\&-\int_{-\infty}^{+\infty}q(x)\log_2p(x)\,dx+\int_{-\infty}^{+\infty}q(x)\log_2\left[\frac{p(x)}{q(x)}\right]dx\end{aligned} \tag{2.132}$$

由式(2.125)和(2.129)有

$$\begin{aligned}H_C[q(x),X]&\leqslant\frac{1}{2}\log_2(2\pi e\sigma^2)+\int_{-\infty}^{+\infty}q(x)\left[\frac{p(x)}{q(x)}-1\right]dx=\\&\frac{1}{2}\log_2(2\pi e\sigma^2)+1-1=H_C[p(x),X]\end{aligned} \tag{2.133}$$

故得

$$H_C[q(x),X]\leqslant H_C[p(x),X] \tag{2.134}$$

这一结论说明，当连续信源输出信号的均值为零、平均功率受限时，只有信源输出信号的幅度呈高斯分布时，才会有最大熵值。回忆峰值功率受限、均匀分布的连续信源具有最大熵的情况，我们发现，在这两种情况下，信源的统计特性与两种常见噪声 —— 均匀噪声和高斯噪声的统计特性相一致。从概念上讲这是合理的，因为噪声是一个最不确定的随机过程，而最大的信息量只能从最不确定的事件中获得。

3. 均值受限条件下的最大连续熵定理

若连续信源 X 输出非负信号的均值受限，则其输出信号幅度呈指数分布时，连续信源 X 具有最大熵值。

将连续信源 X 为指数分布时的概率密度函数记为

$$p(x)=\frac{1}{m}\mathrm{e}^{-\frac{x}{m}} \quad (x \geqslant 0) \tag{2.135}$$

相应的熵记为 $H_C[p(x),X]$。指数分布以外的其他任意分布的概率密度函数为 $q(x)$，相应的熵记为 $H_C[q(x),X]$。由限制条件有

$$\int_0^{+\infty} p(x)\,\mathrm{d}x=\int_0^{+\infty} q(x)\,\mathrm{d}x=1 \tag{2.136}$$

$$\int_0^{+\infty} xp(x)\,\mathrm{d}x=\int_0^{+\infty} xq(x)\,\mathrm{d}x=m \tag{2.137}$$

由前面的讨论已知指数分布的连续信源熵为

$$H_C[p(x),X]=\log_2 m\mathrm{e} \tag{2.138}$$

任意分布的信源熵为

$$H_C[q(x),X]=-\int_0^{+\infty} q(x)\log_2 q(x)\,\mathrm{d}x \tag{2.139}$$

仿照均匀分布和高斯分布的情况，再根据对数变换关系

$$\log_2 z=\log_2 \mathrm{e}\ln z$$

并应用式(2.136)和(2.137)得

$$H_C[q(x),X]\leqslant -\int_0^{+\infty} q(x)\log_2\left[\frac{1}{m}\mathrm{e}^{-\frac{x}{m}}\right]\mathrm{d}x+\int_0^{+\infty} q(x)\left[\frac{p(x)}{q(x)}-1\right]\mathrm{d}x=$$

$$\log_2 m\int_0^{+\infty} q(x)\,\mathrm{d}x+\log_2\mathrm{e}\int_0^{+\infty}\frac{x}{m}q(x)\,\mathrm{d}x+1-1=$$

$$\log_2 m\mathrm{e}=H_C[p(x),X] \tag{2.140}$$

这就证明了取值为非负数、均值受限的连续信源，当它呈指数分布时达到最大熵值，且其最大熵值仅决定于被限定的均值。

通过以上三个最大连续熵定理的讨论我们知道，连续信源与离散信源不同，它不存在绝对的最大熵。其最大熵与信源的限制条件有关，在不同的限制条件下，有不同的最大连续熵值。

2.10 信道容量

2.10.1 单符号离散信道的信道容量

信道的输入和输出都取值于离散集合,且都用一个随机变量来表示的信道就是单符号离散信道。平均互信息 $I(X;Y)$ 是接收到输出符号集 Y 后所获得的关于输入符号集 X 的信息量。信源的不确定性为 $H(x)$,由于干扰的存在,接收端收到 Y 后对信源仍然存在的不确定性为 $H(X \mid Y)$,$H(X \mid Y)$ 又称为信道疑义度。信宿所消除的关于信源的不确定性,也就是获得的关于信源的信息为 $I(X;Y)$,它是平均意义上每传送一个符号流经信道的信息量,从这个意义上讲,平均互信息 $I(X;Y)$ 又称为信道的信息传输率,通常用 R 表示,即

$$R = I(X;Y) = H(X) - H(X \mid Y) \quad (\text{比特 / 符号})$$

信息传输率的概念可扩展到更宽的范围。当对信源进行某种变换(如信源编码或信道编码)后,得到新的信源的熵即可以称为该变换的信息传输率,信源的熵也可直接称为信源的信息传输率;而信源信息经过信道传输后的信息传输率就是平均互信息$I(X;Y)$。

有时我们所关心的是信道在单位时间内平均传输的信息量,如果平均传输一个符号为 t s,则信道平均每秒钟传输的信息量为

$$R_t = \frac{1}{t} I(X;Y) \quad (\text{bit/s}) \tag{2.141}$$

称为信息传输速率。

$I(X;Y)$ 是信源概率分布 $p(x_i)$ 和信道转移概率 $p(y_j \mid x_i)$ 的二元函数。当信道特性 $p(y_j \mid x_i)$ 固定后,$I(X;Y)$ 是 $p(x_i)$ 的一元函数和上凸函数。因此对于固定的信道,总存在一种信源(某种输入概率分布)使信道传输一个符号接收端获得的平均信息量最大,也就是说对于每个固定信道都有一个最大的信息传输率,这个最大的信息传输率即为信道容量,而相应的输入概率分布称为最佳输入分布。

信道容量为平均互信息对于输入概率分布的最大值

$$C = \max_{p(x)} I(X;Y) \tag{2.142}$$

单位根据所用的对数底不同可以是比特 / 符号、奈特 / 符号等。

当信源取得最佳概率分布时,信息传输过程中,还是会存在差错,这是由信道的转移概率决定的,是信息传输固有现象。当传输错误大小超过可靠性容限时,就必须采用信道编码的方法,在接收端纠正错误,从而提高传输可靠性。但这样做会降低信息传输率,这是信息传输有效性和可靠性的基本矛盾。而香农信息论告诉我们:这个矛盾理论上是可以解决的。香农第二定理指出:总存在最佳的信道编码,保证在信道的信息传输率不超过

信道容量 C 时能获得任意高的传输可靠性。

2.10.2　几种特殊信道的信道容量

1. 具有一一对应关系的无噪信道

无噪信道输入、输出之间有确定的一一对应关系，此时输入 X 和输出 Y 符号集的元素个数相等，如图 2.6 所示。

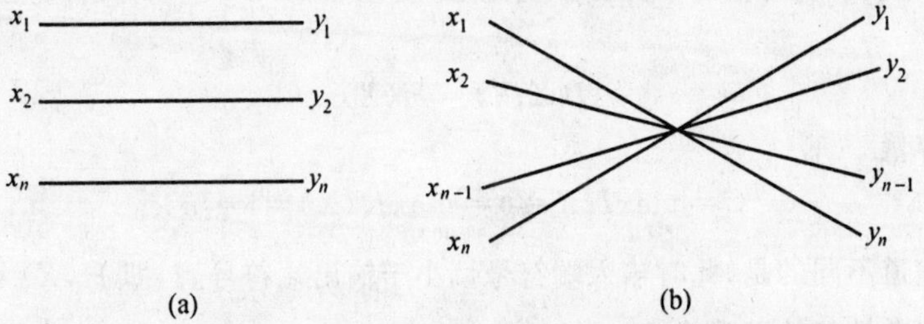

图 2.6　具有一一对应关系的无噪信道

噪声熵 $H(Y \mid X)=0$，信道疑义度 $H(X \mid Y)=0$，故有

$$I(X;Y)=H(X)=H(Y) \tag{2.143}$$

根据信道容量的定义，有

$$C=\max_{p(x_i)} I(X;Y)=\max_{p(x_i)} H(X)=\log_2 n \tag{2.144}$$

式(2.144)表明当信源呈等概率分布时，具有一一对应的确定关系的无噪信道达到信道容量，其值就是信源 X 的最大熵值。这个结果还表明，信道容量只决定于信道的输入符号数 n，与信源无关，是表征信道特性的一个参量。

2. 具有扩展性能的无噪信道

此类信道是一个输入对应多个输出，如图 2.7 所示。

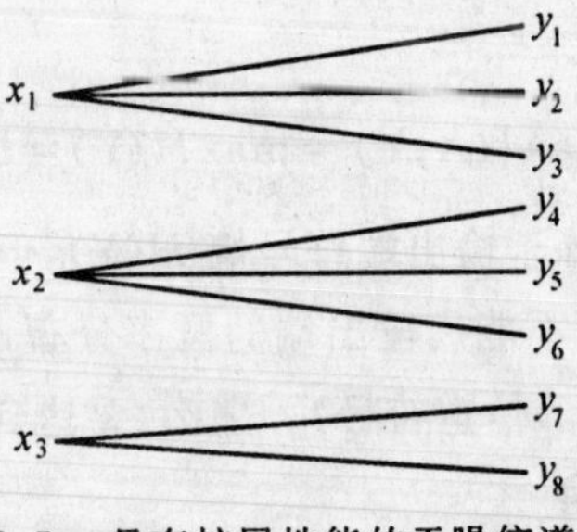

图 2.7　具有扩展性能的无噪信道举例

信道矩阵是

$$\begin{bmatrix} p(y_1|x_1) & p(y_2|x_1) & p(y_3|x_1) & 0 & 0 & 0 & 0 & 0 \\ 0 & 0 & 0 & p(y_4|x_2) & p(y_5|x_2) & p(y_6|x_2) & 0 & 0 \\ 0 & 0 & 0 & 0 & 0 & 0 & p(y_7|x_3) & p(y_8|x_3) \end{bmatrix}$$

此类信道的信道矩阵中每一列只有一个非零元素，接收到信道输出符号后对输入符号将不存在不确定性，即信道疑义度 $H(X|Y)=0$。同时 $H(X|Y)=0$ 又表示信源符号通过有噪信道传输后损失的信息量，因为如果没有信息损失的话，信源含有的信息量将全部到达接收端，接收端对信源不再有不确定性，所以 $H(X|Y)=0$ 又称为损失熵。对于此类信道

$$I(X;Y)=H(X) \tag{2.145}$$

显然其信道容量

$$C=\max_{p(x_i)} I(X;Y)=\max_{p(x_i)} H(X)=\log_2 n \tag{2.146}$$

与一一对应信道不同的是，此时输入端符号熵小于输出端符号熵，即 $H(X)<H(Y)$。

3. 具有归并性能的无噪信道

此类信道是一个输出对应多个输入，如图 2.8 所示。

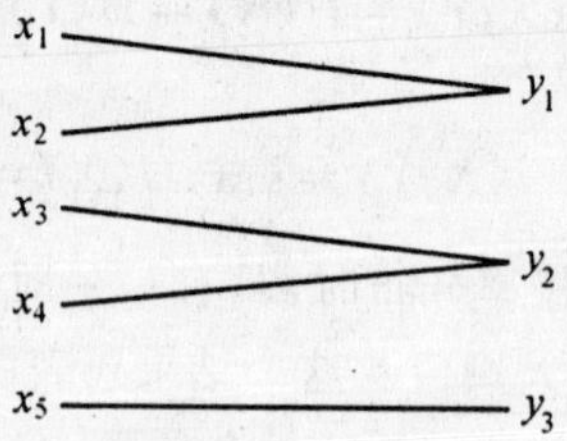

图 2.8 具有归并性能的无噪信道举例

此类信道每一行只有一个非零元素 1，信道矩阵元素非 0 即 1。已知信道输入符号，必能确定输出符号，因此 $H(Y|X)=0$，$H(Y|X)=0$ 又称为噪声熵，因为信道的噪声使得 $H(X|Y)\neq 0$。

相应的信道容量为

$$C=\max_{p(x_i)} I(X;Y)=\max_{p(x_i)} H(Y)=\log_2 m \tag{2.147}$$

尽管式中平均互信息 $I(X;Y)$ 等于输出端符号熵 $H(Y)$，但是在求极大值时，调整的仍然是输入端的概率分布 $p(x_i)$；而不能用输出端的概率分布 $p(y_j)$ 来代替。对于图 2.8，其信道容量是$\log_2 3=1.585$(比特 / 信道符号)。那么，要达到这一信道容量，对应信源的概率分布是什么呢？由信道矩阵有

$$p(y_1)=p(x_1)\times 1+p(x_2)\times 1$$

$$p(y_2)=p(x_3)\times 1+p(x_4)\times 1$$

$$p(y_3)=p(x_5)\times 1$$

只要 $p(y_1)=p(y_2)=p(y_3)=1/3$，$H(Y)$ 达到最大值，即达到信道容量 C。此时使 $p(y_1)=p(y_2)=p(y_3)$ 的信源概率分布 $\{p(x_i)\}$ $(i=1,2,\cdots,5)$ 存在，但不是唯一的。这种信道的输入符号熵大于输出符号熵，即 $H(X)>H(Y)$。

综合以上三种无噪信道的分析，我们得出一个结论，无噪信道的信道容量 C 只决定于信道的输入符号数 n，或输出符号数 m，与信源无关，是表征信道特性的一个参量。

2.10.3　对称信道的信道容量

1. 对称信道的定义

如果一个矩阵的每一行都是同一集合 $Q\in\{q_1,q_2,\cdots,q_m\}$ 中各元素的不同排列，我们称矩阵的行是可排列的；如果一个矩阵的每一列都是同一集合 $p\in\{p_1,p_2,\cdots,p_n\}$ 中各元素的不同排列，我们称矩阵的列是可排列的；如果一个矩阵的行和列都是可排列的，则称这个矩阵是可排列的，或称它具有可排列性；如果一个信道矩阵具有可排列性，它所表示的信道称为对称信道。

其信道矩阵为

$$[p_1]=\begin{bmatrix}\frac{1}{3} & \frac{1}{3} & \frac{1}{6} & \frac{1}{6}\\ \frac{1}{6} & \frac{1}{6} & \frac{1}{3} & \frac{1}{3}\end{bmatrix}$$

2. 信道容量

根据平均互信息的定义

$$\begin{aligned}I(X;Y)=H(Y)-H(Y\mid X)=&\\ &H(Y)+\sum_{i=1}^{n}\sum_{j=1}^{n}p(x_i)\,p(y_j\mid x_i)\log_2 p(y_j\mid x_i)=\\ &H(Y)-\sum_{i=1}^{n}p(x_i)\,H_{mi}\end{aligned}$$

其中

$$H_{mi}=-\sum_{i=1}^{n}p(y_j\mid x_i)\log_2 p(y_j\mid x_i)$$

类似于均匀信道的情况，H_{mi} 也是与输入 X 无关的常数，故有 $H(Y\mid X)=H_{mi}$，代入上式得

$$I(X;Y)=H(Y)-H_{mi}=H(Y)-H(q_1,q_2,\cdots,q_m)$$

对应的信道容量为

$$C=\max_{p(x_i)}[H(Y)-H_{mi}]=\log_2 m-H(q_1,q_2,\cdots,q_m)\tag{2.148}$$

由于对称信道的特点，容易证明，输入随机变量 X 等概率分布时，输出随机变量 Y 也是等概率分布，从而使 Y 的熵达到最大值 $\log_2 m$，即达到信道容量 C。

2.10.4 强对称离散信道的信道容量

1. 信道矩阵特点

这类信道中总的错误概率是 P，对称平均地分配给 $n-1$ 个输出符号。信道矩阵为 $(n\times n)$ 阶对称矩阵。

$$[p]_{n\times n}=\begin{bmatrix} \bar{p} & \frac{p}{n-1} & \cdots & \cdots & \frac{p}{n-1} \\ \frac{p}{n-1} & \bar{p} & \frac{p}{n-1} & \cdots & \frac{p}{n-1} \\ \vdots & \vdots & \vdots & & \vdots \\ \frac{p}{n-1} & \frac{p}{n-1} & \cdots & \cdots & \bar{p} \end{bmatrix}$$

二元对称信道就是 $r=2$ 的均匀信道，一般信道的信道矩阵中各行之和为 1，但各列之和不一定等于 1，而均匀信道中各列之和也等于 1。

2. 信道容量计算

$$I(X;Y)=H(Y)-H(Y\mid X)$$

其中条件熵

$$H(Y\mid X)=-\sum_{i=1}^{n}\sum_{j=1}^{n}p(x_i)p(y_j\mid x_i)\log_2 p(y_j\mid x_i)=\sum_{i=1}^{n}p(x_i)H_{ni} \quad (2.149)$$

上式中

$$H_{ni}=-\sum_{j=1}^{n}p(y_j\mid x_i)\log_2 p(y_j\mid x_i)$$

由于信道的对称性，每一行都是同一集合各元素的不同排列，所以

$$H_{ni}=-\bar{p}\log_2\bar{p}-(n-1)\times\left(\frac{p}{n-1}\log_2\frac{p}{n-1}\right)$$

于是得信道容量

$$C=\max_{p(x_i)}[H(Y)-H_{ni}]$$

这就变成求一种输入分布 $p(x_i)$ 使 $H(Y)$ 取最大值的问题了。现已知输出符号集 Y 共有 n 个符号，则 $H(Y)\leqslant\log_2 n$。根据最大离散熵定理，只有当 $p(y_j)=\frac{1}{n}$，即输出端呈等概率分布时，$H(Y)$ 才达到最大值 $\log_2 n$。

要获得这一最大值，可通过公式(2.149) 寻找相应的输入概率分布。

$$p(y_j)=\sum_{i=1}^{n}p(x_i)p(y_j \mid x_i) \quad (j=1,2,\cdots,n) \tag{2.150}$$

现在观察信道矩阵，我们发现其特殊性：

信道矩阵中的每一行都是由同一集合中的各元素的不同排列组成，所以保证了当输入符号 X 是等概率分布，即 $p(x_i)=\dfrac{1}{n}$ 时，输出符号 Y 一定是等概率分布，这时 $H(Y)=\log_2 n$。相应的信道容量为

$$C=\log_2 n-H_{ni}=\log_2 n-H\left(\bar{p},\frac{p}{n-1},\cdots,\frac{p}{n-1}\right)=$$

$$\log_2 n-\bar{p}\log_2 p+p\log_2\frac{p}{n-1} \quad (\text{比特 / 信道符号})$$

当 $n=2$ 时，就是二进制均匀信道，可计算出信道容量

$$C=1+\bar{p}\log_2\bar{p}+p\log_2 p=1-H(p)$$

其中

$$H(p)=-(\bar{p}\log_2\bar{p}+p\log_2 p)$$

二进制均匀信道容量曲线如图 2.9 所示。

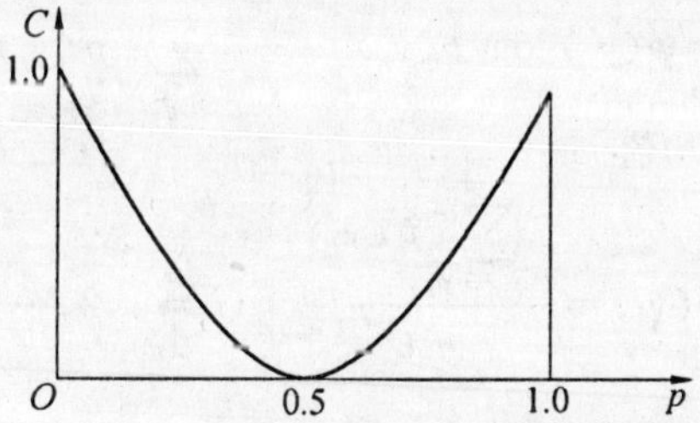

图 2.9 二进制均匀信道容量曲线

2.10.5 准对称离散信道的信道容量

1. 定义

如果一个 n 行 m 列单符号离散信道矩阵[p]的行是可排列的，列不可排列。但是矩阵中的 m 列可分成 s 个不相交的子集，各子集分别有 $m_1,m_2,\cdots,m_s$ 个元素($m_1+m_2+\cdots+m_s=m$)，若由 n 行 $m_k(k=1,2,\cdots,s)$ 组成的子矩阵$[p]_k$具有可排列性，则称这类信道为准对称信道。

2. 特点

行具有可排列性，列不具有可排列性。但是把矩阵的前两列和后两列分成互不相交的子集，构成两个子矩阵，两个子矩阵的行和列均是可排列的，故信道[p]是准对称信道。

3. 信道矩阵

$$[p]=\begin{bmatrix}\frac{1}{2} & \frac{1}{4} & \frac{1}{8} & \frac{1}{8}\\ \frac{1}{4} & \frac{1}{2} & \frac{1}{8} & \frac{1}{8}\end{bmatrix} \quad [p]_1=\begin{bmatrix}\frac{1}{2} & \frac{1}{4}\\ \frac{1}{4} & \frac{1}{2}\end{bmatrix} \quad [p]_2=\begin{bmatrix}\frac{1}{8} & \frac{1}{8}\\ \frac{1}{8} & \frac{1}{8}\end{bmatrix}$$

4. 信道容量

两个子矩阵的行和列均是可排列的，故信道$[p]$是准对称信道。由行的可排列性有

$$H(Y \mid X)=H(q_1,q_2,\cdots,q_m)$$

得信道容量

$$C=\max_{p(x_i)}[H(Y)]-H(q_1,q_2,\cdots,q_m)$$

只要使输出随机变量Y呈等概率分布，上式第一项即可达到最大值，从而达到信道容量C。为了在$p(x_i)$非负的条件下使$H(Y)$达到最大值，可将$H(Y)$中的m项分成s个子集$M_1,M_2,\cdots,M_s$，各子集分别有$m_1,m_2,\cdots,m_s$个元素$(m_1+m_2+\cdots+m_s=m)$，则

$$H(Y)=-\sum_{j=1}^{n}p(y_j)\log_2 p(y_j)=-\sum_{k=1}^{s}\sum_{p(y_j)\in M_k}p(y_j)\log_2 p(y_j)=$$
$$-\sum_{p(y_j)\in M_1}p(y_j)\log_2 p(y_j)\cdots-\sum_{p(y_j)\in M_s}p(y_j)\log_2 p(y_j) \tag{2.151}$$

令第k个集合中概率的平均值

$$\bar{p}(y_k)=\frac{\sum\limits_{p(y_j)\in M_k}p(y_j)}{m_k}\quad(k=1,2,\cdots,s) \tag{2.152}$$

因为

$$\frac{\bar{p}(y_k)}{p(y_j)}>0$$

由$\ln x\leqslant x-1(x>0)$和$\log_2 x=\ln x\log_2 \mathrm{e}$有

$$\sum_{p(y_j)\in M_k}p(y_j)\log_2\frac{\bar{p}(y_k)}{p(y_j)}=\sum_{p(y_j)\in M_k}p(y_j)\ln\frac{\bar{p}(y_k)}{p(y_j)}\log_2\mathrm{e}\leqslant$$
$$\sum p(y_j)\left[\frac{\bar{p}(y_k)}{p(y_j)}-1\right]\log_2\mathrm{e}=$$
$$\left[\bar{p}(y_k)m_k-\sum_{p(y_j)\in M_k}p(y_j)\right]\log_2\mathrm{e}=0$$

故有

$$\sum_{p(y_j)\in M_k}p(y_j)\log_2 p(y_k)\leqslant\sum_{p(y_j)\in M_k}p(y_j)\log_2 p(y_j)$$

即

$$-\sum_{p(y_j)\in M_k} p(y_j)\log_2 p(y_k) \leqslant -\sum_{p(y_j)\in M_k} p(y_j)\log_2 \bar{p}(y_j) = -\log_2 \bar{p}(y_k)\left[m_k \bar{p}(y_k)\right] = -m_k \bar{p}(y_k)\log_2 \bar{p}(y_k)$$

把子集 M_k 中的 $p(y_j)$ 变成其均值 $\bar{p}(y_k)$，将使第 k 个子集中的熵

$$-\sum_{p(y_j)\in M_k} p(y_j)\log_2 p(y_j)$$

达到最大。由于子矩阵 $[p]_k$ 具有可排列性，只要信源 X 呈等概率分布，即可使第 k 个子集中的输出概率相等，即达到其均值 $\bar{p}(y_k)$。如果式(2.151)右端的每一项都达到最大值，则输出 Y 的熵 $H(Y)$ 达到最大，即

$$H(Y) \leqslant -\sum_{k=1}^{s} m_k \bar{p}(y_k)\log_2 \bar{p}(y_k)$$

相应的准对称信道的容量为

$$C = -\sum_{k=1}^{s} m_k \bar{p}(y_k)\log_2 \bar{p}(y_k) - H(q_1, q_2, \cdots, q_m)$$

2.10.6　一般离散信道的信道容量

1. 信道容量

对一般离散信道而言，求信道容量，就是在固定信道的条件下，对所有可能的输入概率分布 $p(x_i)$，求平均互信息的极大值。由前面的讨论可知，$I(X;Y)$ 是输入概率分布 $p(x_i)$ 的上凸函数，所以极大值一定存在。因为 $I(X;Y)$ 是 n 个变量 $\{p(x_1), p(x_2), \cdots, p(x_n)\}$ 的多元函数，并满足 $\sum_{i=1}^{n} p(x_i) = 1$，所以可用拉格朗日乘子法来计算这个条件极值。

引进一个新函数

$$\Phi = I(X;Y) - \lambda\left[\sum_{i=1}^{n} p(x_i) - 1\right] \tag{2.153}$$

其中 λ 为拉格朗日乘子。

解方程组

$$\frac{\partial \Phi}{\partial p(x_i)} = \frac{\partial\left\{I(X;Y) - \lambda\left[\sum_{i=1}^{n} p(x_i) - 1\right]\right\}}{\partial p(x_i)} = 0 \tag{2.154}$$

可得一般信道容量 C。

由

$$p(y_j)=\sum_{i=1}^{n}p(x_i)p(y_j\mid x_i) \tag{2.155}$$

有

$$\frac{\mathrm{d}p(y_j)}{\mathrm{d}p(x_i)}=p(y_j\mid x_i)$$

将 $I(X;Y)$ 的表达式代入式(2.154)得

$$\frac{\partial}{\partial p(x_i)}\Big\{-\sum_{j=1}^{m}p(y_j)\log_2 p(y_j)+\sum_{i=1}^{n}\sum_{j=1}^{m}p(x_i)p(y_j\mid x_i)\log_2 p(y_j\mid x_i)-\lambda\Big[\sum_{i=1}^{n}p(x_i)-1\Big]\Big\}=0$$

求偏导得

$$-\sum_{j=1}^{m}[p(y_j\mid x_i)\log_2 p(y_j)+p(y_j\mid x_i)\log_2\mathrm{e}]+\sum_{j=1}^{m}p(y_j\mid x_i)\log_2 p(y_j\mid x_i)-\lambda=0$$

整理得

$$\sum_{j=1}^{m}p(y_j\mid x_i)\log_2\frac{p(y_j\mid x_i)}{p(y_j)}=\log_2\mathrm{e}+\lambda \tag{2.156}$$

其中

$$\log_2 p(y_j)=\ln p(y_j)\log_2\mathrm{e}$$

$$\sum_{j=1}^{m}p(y_j\mid x_i)=1$$

式(2.156)两边乘以 $p(x_i)$ 并求和

$$\sum_{i=1}^{n}\sum_{j=1}^{m}p(x_i)p(y_j\mid x_i)\log_2\frac{p(y_j\mid x_i)}{p(y_j)}=\sum_{i=1}^{n}p(x_i)(\log_2\mathrm{e}+\lambda)=\log_2\mathrm{e}+\lambda \tag{2.157}$$

上式左边为平均互信息的极大值,即

$$C=\log_2\mathrm{e}+\lambda \tag{2.158}$$

式(2.158)代入式(2.156),得

$$\sum_{j=1}^{m}p(y_j\mid x_i)\log_2 p(y_j\mid x_i)=\sum_{j=1}^{m}p(y_j\mid x_i)\log_2 p(y_j)+C=\sum_{j=1}^{m}p(y_j\mid x_i)\,[\log_2 p(y_j)+C]$$

令

$$\beta_j=\log_2 p(y_j)+C \tag{2.159}$$

则

$$\sum_{j=1}^{m}p(y_j\mid x_i)\beta_j=\sum_{j=1}^{m}p(y_j\mid x_i)\log_2 p(y_j\mid x_i) \tag{2.160}$$

由式(2.160)得信道矩阵,求出 β_j。再由式(2.159)得

$$p(y_j)=2^{\beta_j-C} \tag{2.161}$$

上式两边对 j 求和得

$$\sum_{j=1}^{m}p(y_j)=\sum_{j=1}^{m}2^{\beta_j}\cdot 2^{-C}=1$$

$$2^C=\sum_{j=1}^{m}2^{\beta_j}$$

求出信道容量

$$C=\log_2\left(\sum_{j=1}^{m}2^{\beta_j}\right) \tag{2.162}$$

再根据式(2.155)求出对应的输入概率分布 $p(x_i)$。

2. 总结

现在我们将一般离散信道容量的计算步骤总结如下：

(1) 由 $\sum_{j=1}^{m}p(y_j\mid x_i)\beta_j=\sum_{j=1}^{m}p(y_j\mid x_i)\log_2 p(y_j\mid x_i)$,求 β_j;

(2) 由 $C=\log_2\left(\sum_{j=1}^{m}2^{\beta_j}\right)$,求 C;

(3) 由 $p(y_j)=2^{\beta_j-C}$,求 $p(y_j)$;

(4) 由 $p(y_j)=\sum_{i=1}^{n}p(x_i)p(y_j\mid x_i)$,求 $p(x_i)$。

需要强调指出的是,在第(2)步信道容量 C 被求出后,计算并没有结束。必须解出相应的 $p(x_i)$,并确认所有的 $p(x_i)(i=1,2,\cdots,n)$ 都大于等于零时,所求的 C 才存在。因为我们在对 $I(X;Y)$ 求偏导时,仅限制 $\sum_{i=1}^{n}p(x_i)=1$,并没有限制 $p(x_i)\geqslant 0$,所以求出的 $p(x_i)$ 有可能为负值,此时的 C 就不存在,必须对 $p(x_i)$ 进行调整,再重新求解 C。一般要通过迭代算法来实现。

习　题

2.1　设离散无记忆信道 $\begin{bmatrix}x\\p(x)\end{bmatrix}=\begin{bmatrix}0 & 1 & 2 & 3\\ \frac{3}{8} & \frac{1}{4} & \frac{1}{4} & \frac{1}{8}\end{bmatrix}$,其发出的消息为

(2 021 201 302 130 012 032 101 103 210 100)

求:(1) 此消息的自信息是多少?

(2) 此消息中平均每个符号携带的信息量是多少?

2.2　每帧电视图像可以认为是由 3×10^5 个像素组成的,所有像素均是独立变化,且

每像素又取 128 个不同的亮度电平，并设亮度电平是等概率出现，问每帧图像含有多少信息量？若有一个广播员，在约 10 000 个汉字中选 1 000 个汉字来口述这电视图像，试问若要恰当地描述此图像，广播员在口述中至少需要多少汉字？

2.3 设有一连续随机变量，其概率密度函数为 $p(x)=\begin{cases} bx^2 & (0\leqslant x\leqslant a) \\ 0 & (x\text{ 为其他值}) \end{cases}$

(1) 试求信源 X 的熵 $H_C(X)$；

(2) 试求 $Y=X+A(A>0)$ 的熵 $H_C(Y)$；

(3) 试求 $Y=2X$ 的熵 $H_C(Y)$。

2.4 有两个二元随机变量 X 和 Y，它们的联合概率为：$P(X=0,Y=0)=1/8$；$P(X=0,Y=1)=3/8$；$P(X=1,Y=1)=1/8$；$P(X=1,Y=0)=3/8$。定义另一随机变量 $Z=XY$，试计算：

(1) $H(X)$，$H(Y)$，$H(Z)$，$H(XZ)$，$H(YZ)$，$H(XYZ)$；

(2) $H(X\mid Y)$，$H(Y\mid X)$，$H(X\mid Z)$，$H(Z\mid X)$，$H(Y\mid Z)$，$H(Z\mid Y)$，$H(Y\mid XZ)$，$H(Z\mid XY)$；

(3) $I(X;Y)$，$I(X;Z)$，$I(Y;Z)$，$I(X;Y\mid Z)$，$I(Y;Z\mid X)$，$I(X;Z\mid Y)$。

2.5 设有随机变量 X,Y,Z 均取值于 $\{0,1\}$，已知 $I(X;Y)=0$，$I(X;Y\mid Z)=1$。求证：$H(Z)=1$，$H(XYZ)=2$。(单位：比特 / 符号)

2.6 求证：$H(XYZ)=H(XZ)+H(Y\mid X)-I(Y;Z\mid X)$。

2.7 求证：$I(X;Y;Z)=H(XYZ)-H(X)-H(Y)-H(Z)+I(X;Y)+I(Y;Z)+I(Z;X)$。

2.8 某信源发送端有 2 个符号，$x_i(i=1,2)$；$p(x_i)=a$，每秒发出一个符号。接收端有 3 种符号 $y_j(j=1,2,3)$，转移概率矩阵为 $\boldsymbol{P}=\begin{bmatrix} 1/2 & 1/2 & 0 \\ 1/2 & 1/4 & 1/4 \end{bmatrix}$。

(1) 计算接收端的平均不确定度；

(2) 计算由于噪声产生的不确定度 $H(Y\mid X)$；

(3) 计算信道容量。

2.9 已知信道转移概率矩阵如下，求此信道的信道容量。

x \ y	0	1	2	3
0	1/3	1/3	1/6	1/6
1	1/6	1/3	1/6	1/3

2.10 在有扰离散信道上传输符号 0 和 1，在传输过程中每 100 个符号发生一个错误，已知 $P(0)=P(1)=1/2$，信源每秒内发出 1 000 个符号，求此信道的信道容量。

2.11 求下图中信道的信道容量及其最佳的输入概率分布，并求当 $\varepsilon=0$ 和 1/2 时的信道容量 C 的大小。

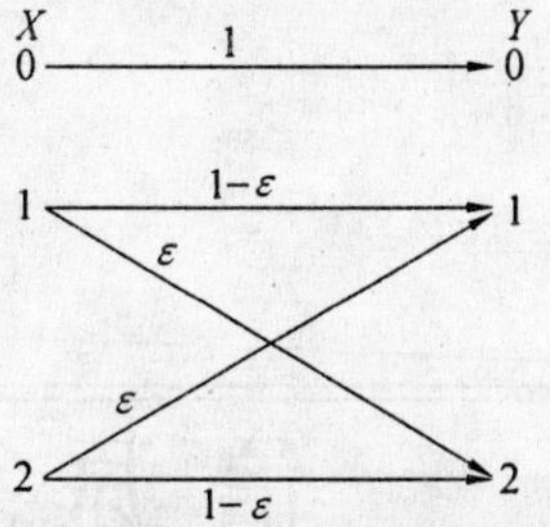

2.12　试问四进制、八进制脉冲所含的信息量是二进制脉冲的多少倍？

2.13　在一个袋中放有 5 个黑球、10 个白球，以摸一个球为一次实验，摸出的球不再放进去。求：

(1) 一次实验包含的不确定度；

(2) 第一次实验 X 摸出的是黑球，第二次实验 Y 给出的不确定度；

(3) 第一次实验 X 摸出的是白球，第二次实验 Y 给出的不确定度；

(4) 第二次实验 Y 包含的不确定度。

2.14　一个随机变量 x 的概率密度函数 $p_X(x)=kx\,(0\leqslant x\leqslant 2)$，试求该信源的相对熵。

2.15　设有一个二进制一阶马尔可夫信源，其信源符号为 $X\in(0,1)$，条件概率为

$$p(0\mid 0)=0.25,\ p(0\mid 1)=0.50,\ p(1\mid 0)=0.75,\ p(1\mid 1)=0.50$$

画出状态图并求出各符号稳态概率。

2.16　一个马尔可夫过程的基本符号 0、1、2，这三个符号以等概率出现，具有相同的转移概率，并且没有固定约束。

(1) 画出一阶马尔可夫过程的状态图，并求稳定状态下的马尔可夫信源熵 H_1。

(2) 画出二阶马尔可夫过程的状态图，并求稳定状态下二阶马尔可夫信源熵 H_2。

第3章

信源编码

通信需要解决两个问题：第一，在不失真或允许一定失真条件下，如何用尽可能少的符号来传送信源信息，以便提高信息传输率；第二，在信道受干扰的情况下，如何增加信号的抗干扰能力，同时又使得信息传输率最大。为了解决这两个问题我们引入了信源编码和信道编码。

一般来说，提高抗干扰能力(降低失真或错误概率)往往是以降低信息传输率为代价的；反之，要提高信息传输率而常常又会使抗干扰能力减弱。二者是有矛盾的。然而在信息论的编码定理中，已从理论上证明，至少存在某种最佳的编码或信息处理方法，能够解决上述矛盾，做到既可靠又有效地传输信息。这些结论对各种通信系统的设计和评估具有重大的理论指导意义。

在前面已建立信源统计特性和信息熵概念的基础上，本章将着重讨论对离散信源进行无失真信源编码的要求、方法及理论极限。等长编码定理在等长编码条件下，其码长的下限值，变长编码定理(香农第一定理)给出了信源无失真变长编码时其码长的上、下限值。本章还介绍了三种通用信源编码方法：香农编码法、费诺编码法和霍夫曼编码法。

3.1 信源编码的相关概念

3.1.1 无失真信源编码的分类

按照信源序列和编码器输出的关系，信源编码可分成两类：分组码和非分组码。

对于分组码，信源序列在进入编码器之前先分成若干信源符号组(也称信源字)，信源编码器根据一定的规则用码符号序列表示信源字作为编码器的输出。这些码符号序列称为码字，所有码字组成的集合称为码集合或码。这种编码过程概括起来就是先分组再编码。在分组码中，信源字通常是等长的，而码集合中码字的长度可能完全相同也可能不完全相同。所有码字长度都相同的码标为定长码或等长码；码字长度不全相同的码称为变长码，霍夫曼编码是典型的变长码。在分组码中，每一个码字仅与当前输入的信源符号组有关，与其他信源符号组无关。但在有些编码方式中，信源字是不等长的，而码集合中的码字却相同，如 L－Z 编码。

对于非分组码，信源序列连续不断地从编码器的输入端进入，同时在编码器的输出端连续不断地产生编码序列。码序列中的符号与信源序列符号无确定的对应关系，这种编码称为非分组码，如算术编码。

经典的信源编码方法需要知道信源符号的概率，这种编码方式称为概率匹配编码。但实际上，预先知道信源的概率分布有时是很困难的，因此需要在编码时对信源符号的概率进行估计或者不利用符号概率来编码。这种对未知概率分布信源进行编码的方法称为通用编码。

3.1.2　编码器

编码实质上是对信源的原始符号按一定的数学规则进行的一种变换。为了分析方便和突出问题的重点，当研究信源编码时，我们将信道编码和译码看成是信道的一部分，而突出信源编码。同样，研究信道编码时，将信源编码和译码看成是信源和信宿的一部分，而突出信道编码。编码器如图 3.1 所示。

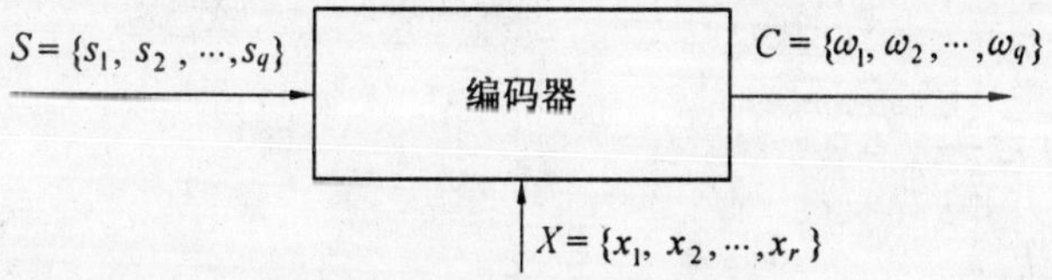

图 3.1　编码器示意图

信源编码器的输入是信源符号集 $S=\{s_1, s_2, \cdots, s_q\}$，共有 q 个信源符号，同时存在另一个符号集 $X=\{x_1, x_2, \cdots, x_r\}$，称为码符号集，共有 r 个码符号，码符号集中的元素称为码元或码符号。编码器的作用是将信源符号集 S 中的符号 $s_i(i=1,2,\cdots,q)$ 变换成由 l_i 个码符号组成的一一对应的码符号序列（码字），用 $\omega_i(i=1,2,\cdots,q)$ 来表示，它与信源符号 $s_i(i=1,2,\cdots,q)$ 是一一对应的。

码字的集合 C 称为码，即 $C=\{\omega_1, \omega_2, \cdots, \omega_q\}$，信源符号 s_i 对应的码字 ω_i 包含 l_i 个码符号，l_i 称为码字长度，简称码长。

所以，信源编码就是把信源符号序列变换到码符号序列的一种映射，若要实现无失真编码，那么这种映射必须是一一对应的、可逆的。一般来说，人们总是希望把信源所有的信息毫无保留地传递到接收端，即实现无失真传递，所以首先要对信源实现无失真编码。

【例 3.1】　天气预报：信源有 4 个消息{晴，阴，雨，雪}待发，信源符号集为 $\{a_1, a_2, a_3, a_4\}$，因为消息个数与信源符号集个数相等，故可以用单符号来表示消息，有 $\begin{Bmatrix} 晴 & 阴 & 雨 & 雪 \\ a_1 & a_2 & a_3 & a_4 \end{Bmatrix}$，如果采用二进制信道，即码符号集为 $\{0,1\}$，则可将这 4 个消息变换

成 4 个 2 位的二进制代码，即

$$a_1:00 \qquad a_2:01 \qquad a_3:10 \qquad a_4:11$$

{00,01,10,11} 是分别代表 $\{a_1,a_2,a_3,a_4\}$ 这 4 个消息的码字，码长为 2。

此例中{晴，阴，雨，雪}是信源消息，$\{a_1,a_2,a_3,a_4\}$ 是信源符号，码符号集{0,1}是信源编码器的输出符号，即信道的输入符号，信源编码就是从 $\{a_1,a_2,a_3,a_4\}$ 到{0,1}的一种映射，由于码符号集仅含{0,1}两个数字，故相应得到的码字称为二进制码字。

【例 3.2】 汉字电报是把常用的 10 000 个汉字变成 10 000 个 4 位的十进制数，再把每一个十进制数字 0,1,…,9 变换成一个 5 位的二进制等重代码组，即

$$\begin{array}{cccccccc}
u_1 & \Rightarrow & 0000 & \Rightarrow & 01101 & 01101 & 01101 & 01101 \\
u_2 & \Rightarrow & 0001 & \Rightarrow & 01101 & 01101 & 01101 & 01011 \\
\vdots & \vdots & \vdots & \vdots & \vdots & \vdots & \vdots & \vdots \\
u_{10\,000} & \Rightarrow & 9999 & \Rightarrow & 10011 & 10011 & 10011 & 10011
\end{array}$$

在此例中，10 000 个汉字（用 $u_1,u_2,\cdots,u_{10\,000}$ 表示）是信源消息，{0,1,2,3,4,5,6,7,8,9} 是信源符号集，{0000,0001,…,9999} 则是对这 10 000 个汉字的标志，码符号集为{0,1}，从{0000,0001,…,9999}到{0,1}的映射称为信源编码，得到的也是二进制编码。

3.1.3 码的分类

信源概率空间为

$$\begin{bmatrix} X \\ P \end{bmatrix} = \begin{bmatrix} x_1 & x_2 & \cdots & x_n \\ p(x_1) & p(x_2) & \cdots & p(x_n) \end{bmatrix}$$

二元信道是常用的一种信道，它的信道基本符号集为{0,1}。若将信源 X 通过一个二元信道传输，就必须把信源符号 x_i 变换成由 0,1 符号组成的码符号序列，即编码，可用不同的码符号序列如表 3.1 所示。

表 3.1 不同的码符号序列

信源符号 x_i	信源符号出现概率 $p(x_i)$	码表	
		码 1	码 2
x_1	$p(x_1)$	00	0
x_2	$p(x_2)$	01	01
x_3	$p(x_3)$	10	001
x_4	$p(x_4)$	11	111

一般情况下，码可分为两类：一类是固定长度的码，码中所有码字的长度都相同，表 3.1 中的码 1 就是定长码；另一类是可变长度码，码中的码字长短不一，表 3.1 中码 2 就是变长码。

采用分组编码方法，需要分组码具有某些属性，以保证在接收端能够迅速准确地将码译出。下面首先讨论分组码的一些直观属性。

若信源符号和码字是一一对应的，则该码为非奇异码；反之为奇异码。如表 3.2 中的码 1 是奇异码，码 2 是非奇异码。

表 3.2　不同的码字

信源符号 x_i	信源符号出现概率 $p(x_i)$	码 1	码 2	码 3	码 4
x_1	1/2	0	0	1	1
x_2	1/4	11	10	10	01
x_3	1/8	00	00	100	001
x_4	1/8	11	01	1000	0001

任意有限长的码元序列，只能被唯一地分割成一个个的码字，便称为唯一可译码，例如{0,10,11}是一种唯一可译码。因为任意一串有限长码序列，如 100111000，只能被分割成 10,0,11,10,0,0。任何其他分割法都会产生一些非定义的码字。显然，奇异码不是唯一可译码，而非奇异码中有非唯一可译码和唯一可译码。表 3.2 中码 3 是唯一可译码，但码 2 不是唯一可译码。

唯一可译码中又分为非即时码和即时码。如果接收端收到一个完整的码字后，不能立即译码，还需等下一个码字开始接收后才能判断是否可以译码，这样的码称为非即时码。表 3.2 中码 3 是非即时码，而码 4 是即时码。码 4 中只要收到符号 1 就表示该码字已完整，可以立即译码。即时码又称为非延长码，任意一个码字都不是其他码字的前缀部分，有时称为异前缀码。在延长码中，有的码是唯一可译的，主要取决于码的总体结构，如表3.2 中码 3 的延长码就是唯一可译的。

综上所述，可将码作如下分类：

- 码
  - 非分组码
  - 分组码
    - 奇异码
    - 非奇异码
      - 非唯一可译码
      - 唯一可译码
        - 非即时码
        - 即时码（非延长码）

3.1.4　码　树

码树是表示信源编码码字的重要工具。一个码树从一个根节点出发，根据码符号的进制 r 生成 r 个树枝，产生 r 个 1 阶节点，每个 1 阶节点又有 r 个树枝产生 r 个 2 阶节点……

直到最末级或终端节点（称为树叶）。树根为码树起点，或起始节点；根经 n 个树枝到达的节点为 n 阶节点，每节点树枝数与进制数相同。如果给每一个节点的树枝分配不同的 r 个码符号，那么从根节点到某阶节点所经过的树枝所对应的码符号序列就形成一个码字。这样，节点就和码字有一一对应的关系。如果只用每片树叶代表一个码字，那么这个码字就是从根到叶的树枝按顺序读出所分配的码符号形成的数字序列。

如果一个码树的各叶的阶数相同，则称为个树或整树。很明显，全树对应着等长码，而非全树对应着变长码。

即时码可以用码树图来构造，图 3.2 是一个二元即时码的树图。树是没有回路的图，所以它也是由节点和树枝构成的。树中最顶部的节点称为根节点，没有子节点的节点称为叶子节点。在构造即时码的树图中，每个节点最多有 r 个子节点，在从此节点到其若干个子节点的树枝上分别标注着 $x_1, x_2, \cdots, x_n$，这里的 $n \leqslant r$，r 为码符号的个数。将从根节点到叶子节点的各段树枝上的码符号顺次连接，就可得到相应的码字。

节点的阶次又称为节点的深度。所有根节点的子节点称为一阶节点，所有一阶节点的子节点称为二阶节点，依此类推，n 阶节点最多有 r^n 个。此时码的各个分支都延伸到最后一级端点，这样的码树称为满树，如图 3.2(a) 所示。否则就称为非满树，如图 3.2(b) 所示，这时的码字就不是定长的了。

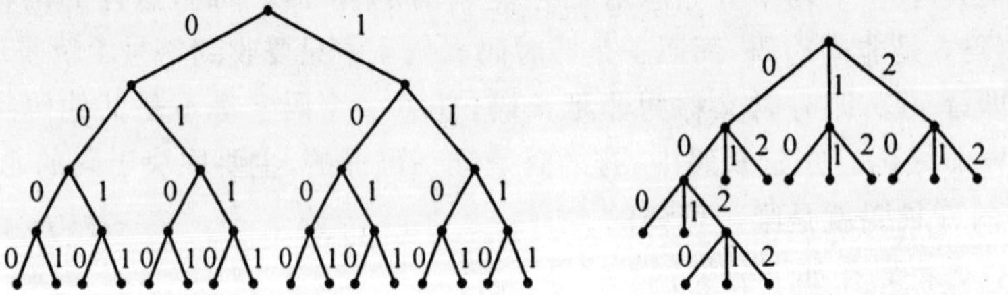

(a)二进码树　　(b)三进码树

图 3.2　码树图

【例 3.3】　一个码包含 4 个码字，码字集合为{1,01,000,001}，试用码树来表示。

解　码树采用二进码树，如图 3.3 所示。

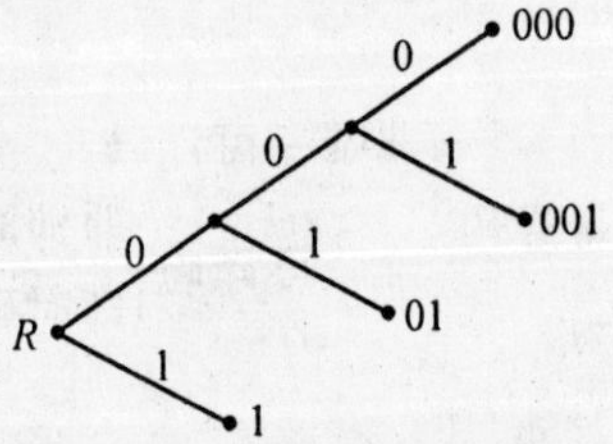

图 3.3　码的二进码树表示

在码树中 n 阶节点的个数最多为 r^n。例如，二进码树中，n 阶节点数目最多为 2^n。很明显，非奇异码字总能与码树建立一一对应的关系。

3.2　定长编码定理

3.2.1　无失真编码条件

一般来说，若要实现无失真的编码，所编的码必须是唯一可译码，否则，就会因译码带来错误与失真。对于定长码来说，若定长码是非奇异码，则它的任意有限长 N 次扩展码一定也是非奇异码，因此定长非奇异码一定是唯一可译码。

表 3.3 中码 2 是奇异码，当接收到码符号 11 后既可译成 s_2 也可译成 s_4，所以不能唯一地译码。而码 1 是等长非奇异码，因此它是一个唯一可译码。

表 3.3　定长码

信源符号 s_i	码 1	码 2
s_1	00	00
s_2	01	11
s_3	10	10
s_4	11	11

1. 单信源符号编码

设信源 X 包含 q 个符号，码符号集包含的符号数为 r，单信源符号编码的唯一可译条件为

$$q \leqslant r^l \tag{3.1}$$

式中　r—— 码符号集中的码元数；

l—— 定长码的码长。

例如表 3.3 中，信源 S 共有 $q=4$ 个信源符号，进行二元等长编码，$r=2$，则信源存在唯一可译定长码的条件是 $l \geqslant 2$。

2. N 长信源符号序列编码（N 次扩展码）

如果对信源 S 的 N 次扩展信源 S^N 进行定长编码，若要编得的定长码是唯一可译码，则必须满足

$$q^N \leqslant r^l \tag{3.2}$$

式中　q—— 信源 S 的符号个数；

q^N—— 信源 S 的 N 次扩展信源 S^N 的符号个数；

r—— 码符号集 X 的码符号数。

当把 N 次扩展信源 S^N 的信源符号 $s_j\,(j=1,2,\cdots,q^N)$ 变换成长度为 l 的码字 $\omega_j = x_{i_1}x_{i_2}\cdots x_{i_l}$ 时，如果要求编得的定长码是唯一可译码，则每一个信源符号 s_j 都有一个码字对应，所以必须满足式(3.2)。也就是说，只有当 l 长的码符号序列数 r^l 不小于 N 次扩展

信源的符号序列个数 q^N 时，才能存在定长非奇异码。

对式(3.2)两边取对数得 $N\log_2 q \leqslant l\log_2 r$，则

$$\frac{l}{N} \geqslant \frac{\log_2 q}{\log_2 r} \tag{3.3}$$

式中 $\frac{l}{N}$—— S^N 中平均每个原始信源符号所需要的码符号个数，对于定长唯一可译码，平均每个原始信源符号至少需要 $\log_r q$ 个码符号来表示。

例如，英文字母26个加1个空格可看成共27个符号的信源。如对单符号进行编码，由式(3.1)，得 $27 \leqslant 2^l$，则每信源符号所需二进码符号数为 $l \geqslant \log_2 27 = 4.755$，取 $l \geqslant 5$。但是，如果采用适当的信源编码，理论上，每信源符号所需二进码符号数可以远小于上面的值，在理想情况下，可以压缩到接近信源的熵1.4左右。本节就是从理论上证明这种压缩是可以实现的。

3.2.2 定长编码定理

定理3.1(等长信源编码定理) 一个熵为 $H(S)$ 的离散无记忆信源，若对信源长为 N 的符号序列进行等长编码，设码字是从 r 个字母的码符号集中，选取 l 码元组成。对于任意 $\varepsilon > 0$，只要满足

$$\frac{l}{N} \geqslant \frac{H(S)+\varepsilon}{\log_2 r} \tag{3.4}$$

则当 N 足够大时，可实现几乎无失真编码，即译码错误概率能为任意小。反之，若

$$\frac{l}{N} \leqslant \frac{H(S)-2\varepsilon}{\log_2 r} \tag{3.5}$$

则不可能实现无失真编码，而当 N 足够大时，译码错误概率近似等于1。我们省去定长无失真编码定理的烦琐数学证明，只进行一些相关的解释。

1. 码长的界

记信源单个符号对应的定长码长为 l，由式(3.4)可知，要做到无失真编码，必须有

$$l = \frac{l_N}{N} \geqslant \frac{H(S)}{\log_2 r} + \frac{\varepsilon}{\log_2 r} = H_r(S) + \varepsilon_1 \tag{3.6}$$

式中 $H_r(S)$—— 信源 S 的 r 进制熵，r 进制单位/符号，即

$$H_r(S) = \frac{H(S)}{\log_2 r} = \sum_{i=1}^{q} p(s_i)\log_2 r\left[\frac{1}{p(r_i)}\right] \tag{3.7}$$

式(3.6)说明，用 r 元符号表对信源 S 进行定长编码，只要单个信源符号对应的码长 l 比信源熵 $H_r(S)$ 大一点，就能做到无失真编码，即 $H_r(S)$ 是定长无失真编码单位符号码长 l 的下界。

再看式(3.5)，整理得

$$l=\frac{l_N}{N}\leqslant\frac{H(S)}{\log_2 r}-\frac{2\varepsilon}{\log_2 r}=H_r(S)-2\varepsilon_1 \tag{3.8}$$

这说明，若 l 比信源熵 $H_r(S)$ 小，就不可能做到无失真编码。

等长信源编码定理是针对离散无记忆信源给出的，对更一般的信源也有类似结论，此处不详述。

2. 定长编码的效率

$$\eta_c=\frac{H(S)}{l\log_2 r}=\frac{H(S)}{\frac{l_N}{N}\log_2 r} \tag{3.9}$$

为使编码真正有效，必须增大信源序列的分组长度 N，这就会使编码器的延时增大，同时也会使编、译码器的复杂程度增加，因此，定长编码在冗余度压缩编码中的理论意义远大于其实用价值。

定长编码的方法很简单，无论信源符号的概率如何，都编成等长的码，采用定长非奇异码即可保证唯一可译。

【例 3.4】　离散无记忆信源(DMS)为

$$\begin{bmatrix}S\\P_S\end{bmatrix}=\begin{bmatrix}s_1 & s_2 & s_3 & s_4 & s_5 & s_6 & s_7\\ \frac{1}{2} & \frac{1}{2^2} & \frac{1}{2^3} & \frac{1}{2^4} & \frac{1}{2^5} & \frac{1}{2^6} & \frac{1}{2^7}\end{bmatrix}$$

用码元表 $X=\{0,1\}$ 对 S 的单个符号进行编码，即对 S 的单个符号进行二进制编码。

解　用 X 的两个码元对 S 的 7 个符号进行编码，由不等式(3.3)得码长 l 为

$$l=\frac{l_N}{N}\geqslant\frac{\log_2 q}{\log_2 r}=\frac{\log_2 7}{\log_2 2}\approx 2.8 \text{ 码元 / 符号}$$

取 $l=3$；码长为 3 的二进制码字有 8 个，取其中任意 7 个码字分别赋给 7 个信源符号即可，如

S：	s_1	s_2	s_3	s_4	s_5	s_6	s_7
W：	001	010	011	100	101	110	111

容易算出信源 S 的熵为

$$H(S)=-\sum_{i=1}^{7}p(s_i)\log_2 p(s_i)=\frac{63}{32}\text{ 比特 / 符号}$$

平均码长和编码效率分别为

$$\bar{l}=l=3\text{ 码元 / 符号}$$

$$\eta_c=\frac{H(S)}{\bar{l}\log_2 r}=\frac{\frac{63}{32}}{3\times\log_2 2}=65.625\%$$

显然，编码效率是不高的。

若要提高编码效率,可对 S 的符号序列进行编码,同时引入一定的失真。由于定长编码定理的式(3.4) 限定了定长编码码长的最小值,因此最佳的定长编码效率为

$$\eta_c = \frac{H(S)}{\bar{l}\log_2 r} = \frac{H(S)}{\frac{l_N}{N}\log_2 r} = \frac{H(S)}{H(S)+\varepsilon} \tag{3.10}$$

可以证明,差错率满足如下关系:

$$P_e \leqslant \frac{\sigma^2(S)}{N\varepsilon^2} \tag{3.11}$$

式中 $\sigma^2(S)$ —— 信源自信息量的方差,为

$$\sigma^2(S) = E\{[I(s_i) - H(S)]^2\} = \sum_{i=1}^{q} p(s_i)[\log_2 p(s_i)]^2 - [H(S)]^2 \tag{3.12}$$

对于任一正数 δ,只要

$$N > \frac{\sigma^2(S)}{\varepsilon^2\delta} \tag{3.13}$$

就可使

$$P_e < \delta \tag{3.14}$$

δ 定义为允许差错率,就是 P_e 的变化值。这时由式(3.13) 和式(3.10),有

$$N > \frac{\sigma^2(S)\eta_c^2}{[H(S)]^2(1-\eta_c)^2\delta} \tag{3.15}$$

【例 3.5】 对例 3.4 所给信源的符号序列进行二进制编码,要求编码效率 $\eta_c = 90\%$,允许的差错率为 $\delta < 10^{-6}$。

解 例 3.4 求出信源的熵 $H(S) = 63/32$,自信息量的方差为

$$\sigma^2(S) = \sum_{i=1}^{q} p(s_i)[\log_2 p(s_i)]^2 - [H(S)]^2 = 5.0625$$

所以

$$N > \frac{\sigma^2(S)\eta_c^2}{[H(S)]^2(1-\eta_c)^2\delta} = \frac{5.0625 \times 0.9^2}{[63/32]^2(1-0.9)^2 \times 10^{-6}} \approx 10^8$$

由此可见,要达到要求的编码效率,必须取很长的信源序列($N > 10^8$),这在实际中是很难实现的。由以上例子可以看出,定长编码在引入失真的前提下,还需要取很长的信源序列进行编码,才能到达较高的编码效率。既要不失真,同时又要有很高的编码效率,只能采用变长编码。

3.3　变长码与变长信源编码定理

本节讨论对信源进行变长编码的问题。变长码往往在 N 不很大时就可以编出效率很高而且无失真的码。同样，变长码必须是唯一可译码，才能实现无失真编码。对于变长码，要满足唯一可译性，不但码本身必须是非奇异的，而且其任意有限长 N 次扩展码必须是非奇异的。

对于变长码，引入码的平均长度的概念作为衡量标准。

设信源为

$$\begin{bmatrix} S \\ P(S) \end{bmatrix} = \begin{bmatrix} s_1 & s_2 & \cdots & s_q \\ p(s_1) & p(s_2) & \cdots & p(s_q) \end{bmatrix}$$

编码后的码字为

$$w_1, w_2, \cdots, w_q$$

其码长分别为

$$l_1, l_2, \cdots, l_q$$

因为对唯一可译码来说，信源符号与码字是一一对应的，所以有

$$p(w_i) = p(s_i) \quad (i = 1, 2, \cdots, q)$$

则这个码的平均长度为

$$\bar{l} = \sum_{i=1}^{q} p(s_i) l_i$$

$\bar{l}$ 的单位是“码符号 / 信源符号”，它是每个信源符号平均需用的码元数。从工程观点来看，总希望通信设备经济、简单，并且单位时间内传输的信息量越大越好。当信源给定时，信源的熵就确定了（$H(S)$ 单位为比特 / 信源符号），而编码后每个信源符号平均用 $\bar{l}$ 个码元来变换。平均每个码元携带的信息量，即编码后信道的信息传输率为

$$\eta = \frac{H(S)}{\bar{l}} \quad （比特 / 码符号）$$

若传输一个码符号平均需要 t 秒钟，则编码后信道每秒钟传输的信息量为

$$\eta_t = \frac{H(S)}{t\bar{l}} \quad （比特 / 秒）$$

由此可见，$\bar{l}$ 越短，η_t 越大，信息传输效率就越高。为此，人们感兴趣的码是使平均码长 $\bar{l}$ 为最短的码。

对于某一信源和某一码符号集来说，若有一个唯一可译码，其平均长度 $\bar{l}$ 小于所有其

他唯一可译码的平均长度,则该码称为紧致码,或称最佳码。无失真信源编码的基本问题就是要找紧致码。

现在不加证明地给出紧致码的平均码长 $\bar{l}$ 可能达到的理论极限。

定理 3.2 若一个离散无记忆信源 S 具有熵为 $H(S)$,对它的 r 个码元的码符号集

$$X=\{x_1,x_2,\cdots,x_r\}$$

则总可找到一种无失真编码方法,构成唯一可译码,使其平均码长满足

$$\frac{H(S)}{\log_2 r}\leqslant \bar{l}\leqslant 1+\frac{H(S)}{\log_2 r}$$

定理 3.2 告诉我们,码字的平均长度 $\bar{l}$ 不能小于极限值$\frac{H(S)}{\log_2 r}$,否则唯一可译码不存在。

定理 3.2 还给出了平均码长的上界。但并不是说大于这个上界就不能构成唯一可译码,而是因为我们希望 $\bar{l}$ 尽可能短。定理 3.2 说明当平均码长小于上界时,唯一可译码也存在,因此,它给出了紧致码的最短平均码长,并指出这个最短的平均码长 $\bar{l}$ 与信源熵是有关的。另外,还可以看到这个极限值与等长信源编码定理 3.1 中的极限值是一致的。

定理 3.3[无失真变长信源编码定理(香农第一定理)] 离散无记忆信源 S 的 N 次扩展信源 $S^N=(a_1,a_2,\cdots,a_{q^r})$,其熵为 $H(S^N)$,并有码符号集 $X=\{x_1,x_2,\cdots,x_r\}$。对信源 S^N 进行编码,总可以找到一种编码方法,构成唯一可译码,使信源 S 中每个信源符号所需的平均码长满足

$$\frac{H(S)}{\log_2 r}+\frac{1}{N}>\frac{\bar{l}_N}{N}\geqslant\frac{H(S)}{\log_2 r}$$

或者

$$H_r(S)+\frac{1}{N}>\frac{\bar{l}_N}{N}\geqslant H_r(S)$$

当 $N\to+\infty$时,则得

$$\lim_{N\to+\infty}\frac{\bar{l}_N}{N}=H_r(S)$$

式中

$$\bar{l}_N=\sum_{i=1}^{q^N}P(a_i)\lambda_i$$

其中λ_i是 a_i 所对应的码字长度,因此,$\bar{l}_N$ 是无记忆扩展信源S^N 中每个符号 a_i 的平均码长,可见$\bar{l}_N/N$仍是信源S 中每一单个信源符号所需的平均码长。这里要注意$\bar{l}_N/N$和$\bar{l}$

的区别。两者都是每个信源符号所需的码符号的平均数，但是，$\bar{l}_N/N$的含义是，为了得到这个平均值，不是对单个信源符号 s_i 进行编码，而是对 N 个信源符号的序列 a_i 进行编码。

无失真变长信源编码定理也称香农第一定理，它说明离散无记忆无噪声平稳信源存在有效的编码方法，人们可以通过这种编码来提高信息传输效率，而不会引起失真。

3.4　变长码的编码方法

本章介绍的变长码的常见编码方法，如香农编码、霍夫曼编码、费诺编码均为匹配编码，也称统计编码，都是通过使用较短的码字来给出现概率较高的信源符号编码。而出现概率较小的信源符号用较长的码字来编码，从而使平均码长最短，达到最佳编码的目的。

3.4.1　香农编码

香农第一定理指出了平均码长与信源之间的关系，同时也指出了可以通过编码使平均码长达到极限值，这是一个很重要的极限定理。如何构造这种码？香农第一定理指出，选择每个码字的长度 l_i 满足下式

$$I(x_i) \leqslant l_i < I(x_i) + 1 \tag{3.16}$$

就可以得到这种码。这种编码方法称为香农编码。

设有离散无记忆信源 $\begin{bmatrix} X \\ P(X) \end{bmatrix} = \begin{bmatrix} x_1 & x_2 & \cdots & x_i & \cdots & x_n \\ p(x_1) & p(x_2) & \cdots & p(x_i) & \cdots & p(x_n) \end{bmatrix}$，$\sum_{i=1}^{n} p(x_i) = 1$。二进制香农码的编码步骤如下：

(1) 将信源符号按概率从大到小的顺序排列，为方便起见，令 $p(x_1) \geqslant p(x_2) \geqslant \cdots \geqslant p(x_n)$；

(2) 令 $p(x_0)=0$，用 $p_a(x_j)\ (j=i+1)$ 表示第 i 个码字的累加概率，则

$$p_a(x_j) = \sum_{i=0}^{j-1} p(x_i) \quad (j=1,2,\cdots,n) \tag{3.17}$$

(3) 确定满足下列不等式的整数 l_i，并令 l_i 为第 i 个码字的长度

$$-\log_2 p(x_i) \leqslant l_i < 1 - \log_2 p(x_i) \tag{3.18}$$

(4) 将 $P_a(x_j)$ 用二进制表示，并取小数点后 l_i 位作为符号 x_i 的编码。

【例 3.6】　已知某信源的符号集合 $\{x_1, x_2, x_3, \cdots\}$ 为无限离散消息集合，它们的出现概率分别为 $p(x_1)=1/2, p(x_2)=1/4, p(x_3)=1/8, \cdots, p(x_i)=1/2^i, \cdots$。(1) 用香农编码方法给出各个符号消息的代码组。(2) 计算编码后信源的信息传输速率。(3) 计算该信源编码的效率。

解 (1) 此题信源消息概率分布呈等比级数,按照香农编码方法,码长集合为自然数数列 1,2,3,…,i,…;对应的编码分别为:0,10,110,…,111…110($i-1$ 个 1),…。与本题有关的数据和编码结果如下表所示。

x_i	p_i	P_i	$-\log_2 p_i$	l_i	代码组
x_1	1/2	0	1	1	0
x_2	1/4	1/2	2	2	10
x_3	1/8	1/2+1/4	3	3	110
⋮	⋮	⋮	⋮	⋮	⋮
x_i	$1/2^i$	$1/2+1/4+\cdots+1/2^{i-1}$	i	i	111…110($i-1$ 个 1)
⋮	⋮	⋮	⋮	⋮	⋮

(2) 先求其熵和平均码长,二者的比值即为信息传输速率。

$$H(X) = -\sum_i p(x_i)\log_2 p(x_i) = 2 \text{ 比特 / 符号}$$

$$\bar{l} = \sum_i p_i l_i = \cdots = 2 \text{ 码元 / 符号}$$

$$R = \frac{H(X)}{\bar{l}} = 1 \text{ 比特 / 码元时间}$$

(3) 对于二进制信道,有 $C=1$(比特 / 码元时间),故该信源编码的编码效率为

$$\eta = R/C = 100\%$$

此例说明香农编码方法可以达到 100% 的编码效率,即达到了最佳编码,但是这个例子也许是特例。现在再举一个例子,看看更一般的情况。

【例 3.7】 有一单符号离散无记忆信源

$$\begin{bmatrix} X \\ P(X) \end{bmatrix} = \begin{bmatrix} x_1 & x_2 & x_3 & x_4 & x_5 & x_6 \\ 0.25 & 0.25 & 0.2 & 0.15 & 0.1 & 0.05 \end{bmatrix}$$

对该信源编二进制香农码。其编码过程如表 3.4 所示。

由表 3.4 可计算出给定信源香农码的平均码长

$$\bar{l} = 0.25\times2\times2+(0.2+0.15)\times3+0.10\times4+0.05\times5 = 2.7 \text{ 比特 / 符号}$$

表 3.4 二进制香农编码

x_i	$p(x_i)$	$p_a(x_j)$	l_i	码字
x_1	0.25	0.000	2	00 $(0.000)_2$
x_2	0.25	0.250	2	01 $(0.010)_2$
x_3	0.20	0.500	3	100 $(0.100)_2$
x_4	0.15	0.700	3	101 $(0.101)_2$
x_5	0.10	0.850	4	1101 $(0.1101)_2$
x_6	0.05	0.950	5	11110 $(0.11110)_2$

如果对上述信源采用等长编码，要做到无失真译码，每个符号至少要用三个比特来表示。比较起来，香农编码无疑对信源进行了"压缩"。由离散无记忆信源熵的定义，可计算出

$$H(X)=-\sum_{i=1}^{6}p(x_i)\log_2 p(x_i)=2.42\ \text{比特 / 符号}$$

对上述信源采用香农编码所需的信息率为

$$R=\frac{\bar{l}}{L}\log_2 m \tag{3.19}$$

在本例中，由于是对单符号信源编二进制码，所以 $l=1, m=2$。定义信源熵和信息率之比为编码效率，则

$$\eta=\frac{H(X)}{R}=\frac{H(X)}{\bar{l}}=\frac{2.42}{2.7}=89.63\% \tag{3.20}$$

可见编码效率并不是很高。当不等式(3.18) 左边的等号成立时，香农编码有很高的编码效率。

3.4.2　霍夫曼(Huffman) 编码

1952 年霍夫曼提出了一种构造最佳码的方法，它是一种最佳的逐个符号的编码方法。下面首先给出二元霍夫曼码的编码方法，它的编码步骤如下：

(1) 将 q 个信源符号按概率分布 $p(x_i)$ 的大小，以递减次序排列起来

$$p_1 \geqslant p_2 \geqslant p_3 \geqslant \cdots \geqslant p_q$$

(2) 用 0 和 1 码符号分别代表概率最小的两个信源符号，并将这两个概率最小的信源符号合并成一个符号，从而得到只包含 $q-1$ 个符号的新信源，称为 S 信源的缩减信源 S_1。

(3) 把缩减信源 S_1 的符号仍按概率大小以递减次序排列，再将其最后两个概率最小的符号合并成一个符号，并分别用 0 和 1 码符号表示，这样又形成了 $q-2$ 个符号的缩减信源 S_2。

(4) 依此继续下去，直至信源最后只剩两个符号为止。将这最后两个信源符号分别用 0 和 1 码符号表示。然后从最后一级缩减信源开始，向前返回，就得出各信源符号所对应的码符号序列，即得对应的码字。

现在，我们给出一个具体的例子来说明这种编码方法。

【例 3.8】　给定离散信源如下：

$$\begin{bmatrix} S \\ p(s) \end{bmatrix}=\begin{bmatrix} s_1 & s_2 & s_3 & s_4 & s_5 & s_6 & s_7 \\ 0.20 & 0.19 & 0.18 & 0.17 & 0.15 & 0.10 & 0.01 \end{bmatrix}$$

$$H(S) = -0.2\log_2 0.2 - 0.19\log_2 0.19 - 0.18\log_2 0.18 - 0.17\log_2 0.17 - 0.15\log_2 0.15 - 0.10\log_2 0.10 - 0.01\log_2 0.01 = 2.61$$

霍夫曼编码方法如图 3.4 所示。

平均码长为

$$\bar{l} = \sum_{i=1}^{7} p(s_i)l_i = 0.2\times2+0.19\times2+0.18\times3+0.17\times3+0.15\times3+0.10\times4+0.01\times4 = 2.72$$

编码效率为

$$\eta = \frac{H(S)}{\bar{l}} = \frac{2.61}{2.72} = 95.96\%$$

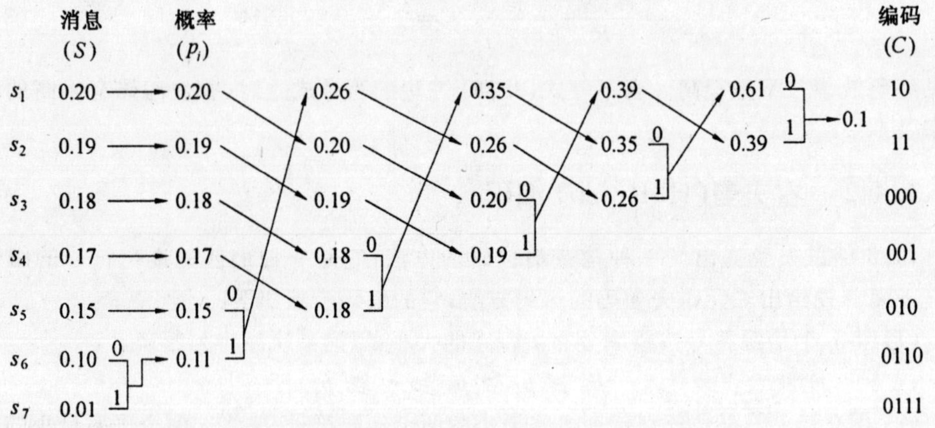

图 3.4 霍夫曼编码

霍夫曼编码方法得到的码并非是唯一的，非唯一的原因如下：

① 每次对信源缩减时，赋予信源最后两个概率最小的符号，用 0 和 1 是可以任意的，所以可以得到不同的霍夫曼码，但不会影响码字的长度。

② 对信源进行缩减时两个概率最小的符号合并后的概率与其他信源符号的概率相同时，这两者在缩减信源中进行概率排序，其位置放置次序是可以任意的，故会得到不同的霍夫曼码。此时将影响码字的长度，一般将合并的概率放在上面，这样可获得较小的码方差。

【例 3.9】 给定离散信源如下：

$$\begin{bmatrix} S \\ p(s) \end{bmatrix} = \begin{bmatrix} s_1 & s_2 & s_3 & s_4 & s_5 \\ 0.4 & 0.2 & 0.2 & 0.1 & 0.1 \end{bmatrix}$$

有两种霍夫曼编码方法，如图 3.5、3.6 所示。

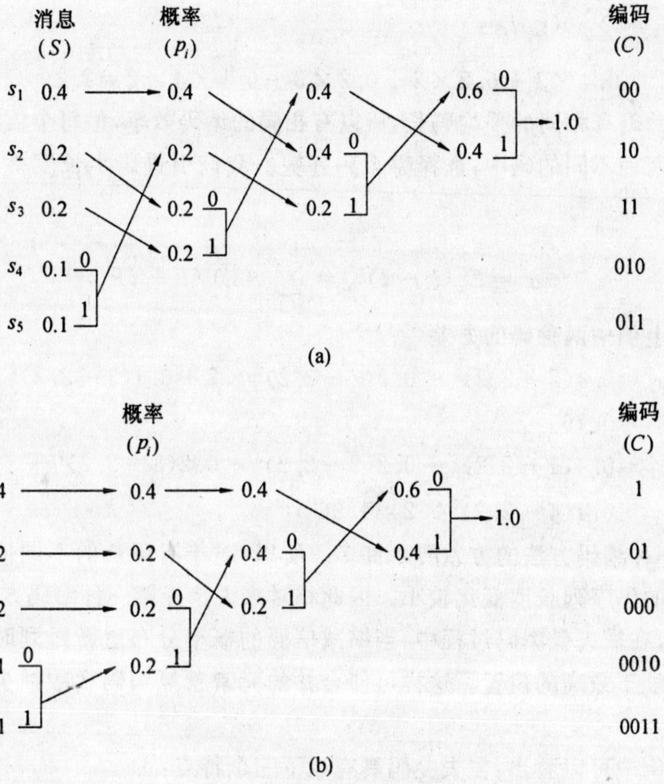

图 3.5　霍夫曼编码

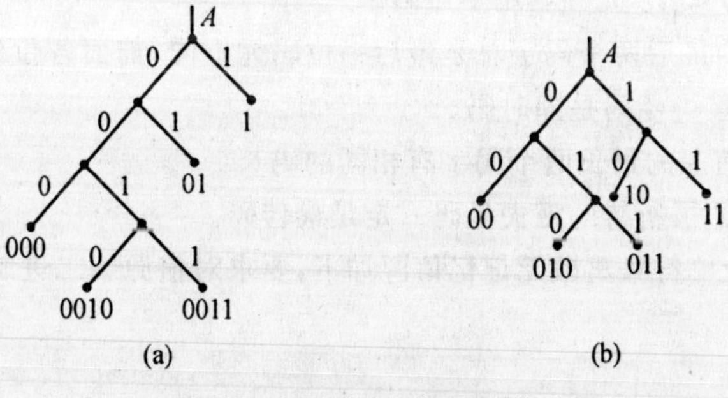

图 3.6　霍夫曼编码码树

平均码长：

$$\overline{l_1} = \sum_{i=1}^{5} p(s_i) l_i =$$

$$0.4 \times 2 + 0.2 \times 2 \times 2 + 0.1 \times 3 \times 2 = 2.2$$

$$\overline{l_2}=\sum_{i=1}^{5}p(s_i)l_i=$$
$$0.4\times1+0.2\times2+0.2\times3+0.1\times4\times2=2.2$$

因为这两种码有相同的平均码长，所以有相同的编码效率，但每个信源符号的码长却不相同。在这两种不同的码中，选择哪个码好呢？我们引进码字长度 l_i 偏离平均码长 $\bar{l}$ 的方差 σ^2，即

$$\sigma^2=E[(l_i-\bar{l})^2]=\sum_{i=1}^{5}p(s_i)\,(l_i-\bar{l})^2$$

分别计算上例中两种码的方差

$$\sigma_1^2=0.4(2-2.2)^2+0.2(2-2.2)^2\times2+0.1(3-2.2)^2\times2=$$
$$0.16$$
$$\sigma_2^2=0.4(1-2.2)^2+0.2(2-2.2)^2+0.2(3-2.2)^2+$$
$$0.1(4-2.2)^2\times2=1.36$$

可见，第一种编码方法的方差要小许多。所以，对于有限长的不同信源序列，用第一种方法所编得的码序列长度变化较小。因此相对来说选择第一种编码方法要更好些。

由此得出，在霍夫曼编码过程中，当缩减信源的概率分布重新排列时，应使合并得来的概率和尽量处于最高的位置。这样可使合并的元素重复编码次数减少，使短码得到充分利用。

从以上实例中可以看出，霍夫曼码具有以下三个特点：

(1) 霍夫曼码的编码方法保证了概率大的符号对应于短码，概率小的符号对应于长码，即 $p_i>p_j$，有 $l_i<l_j$，充分利用了短码。

(2) 缩减信源的最后两个码字总是最后一位码元不同，前面各位码元相同(二元编码情况)，从而保证了霍夫曼码是即时码。

(3) 每次缩减信源的最长两个码字有相同的码长。

这三个特点保证了所得的霍夫曼码一定是最佳码。

【例 3.10】 设单符号离散无记忆信源如下，要求对信源编二进制霍夫曼码。编码过程如图 3.7 所示。

$$\begin{bmatrix}X\\P(x_i)\end{bmatrix}=\begin{bmatrix}x_1 & x_2 & x_3 & x_4 & x_5 & x_6 & x_7 & x_8\\0.4 & 0.18 & 0.1 & 0.1 & 0.07 & 0.06 & 0.05 & 0.04\end{bmatrix}$$

将图 3.7 左右颠倒过来重画一下，即可得到二进制霍夫曼码的码树，如图 3.8 所示。需要特别强调的是，在图中读取码字的时候，一定要从后向前读取，此时编出来的码字才是可分离的异前置码。若从前向后读取码字，则码字不可分离。在本例中，信源的熵为

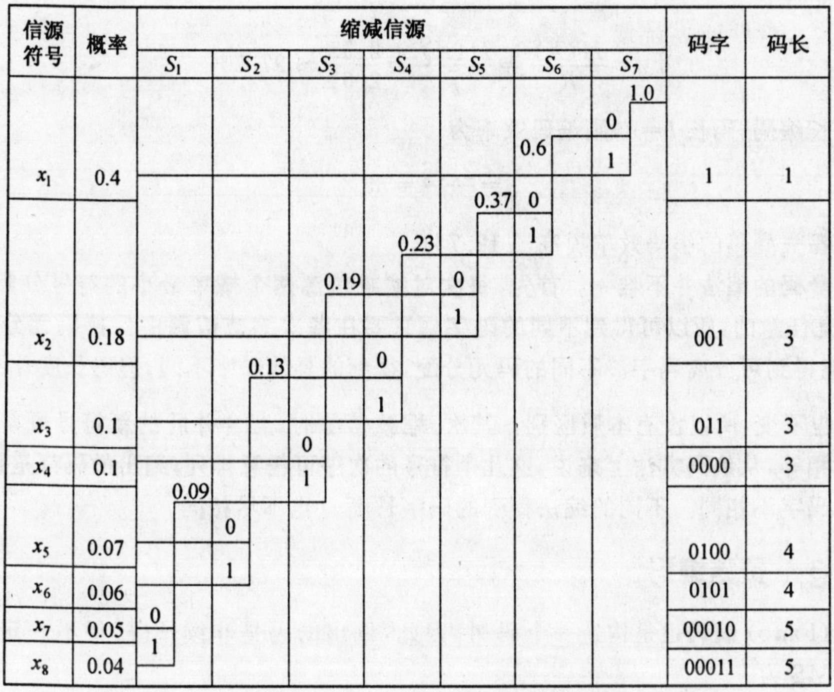

图 3.7 例 3.10 的二进制霍夫曼编码过程

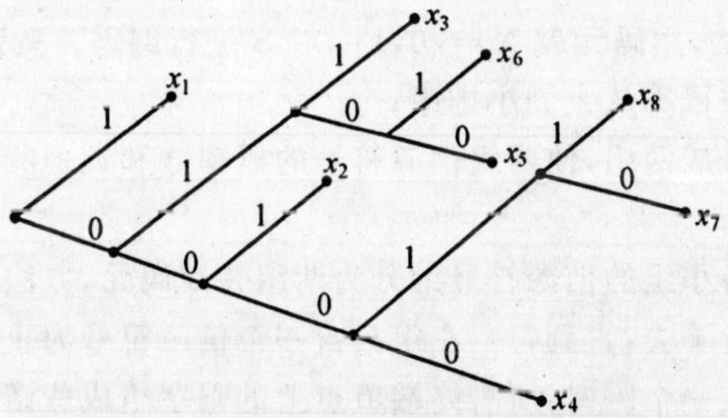

图 3.8 例 3.10 的二进制霍夫曼码树

$$H(X) = -\sum_{i=1}^{8} p(x_i)\log_2 p(x_i) = 2.55 \text{ 比特 / 符号}$$

平均码长为

$$\bar{l} = \sum_{i=1}^{8} p(x_i) l_i =$$

$$0.4 \times 1 + (0.18 + 0.1) \times 3 + (0.10 + 0.07 + 0.06) \times 4 + (0.05 + 0.04) \times 5 =$$

$$2.61 \text{ 比特 / 符号}$$

编码效率为

$$\eta=\frac{H(X)}{R}=\frac{H(X)}{\bar{l}}=\frac{2.55}{2.61}\approx 97.7\%$$

若采用定长编码，码长 $l=3$，则编码效率为

$$\eta=\frac{2.55}{3}=85\%$$

可见霍夫曼码的编码效率提高了 12.7%。

霍夫曼码的编法并不唯一。首先，每次对缩减信源两个概率最小的符号分配“0”和“1”码元是任意的，所以可得到不同的码字。只要在各次缩减信源中保持码元分配的一致性，即能得到可分离码字。不同的码元分配，得到的具体码字不同，但码长度 l_i 不变，平均码长 $\bar{l}$ 也不变，所以没有本质区别。其次，缩减信源时，若合并后的新符号概率与其他符号概率相等，从编码方法上来说，这几个符号的次序可任意排列，编出的码都是正确的，但得到的码字不相同。不同的编法得到的码字长度 l_i 也不尽相同。

3.4.3 费诺编码

费诺(Fano) 编码也是构造一个码树，因此，编出的码是非续长码，但不一定是最佳码。设 DMS 为

$$\begin{bmatrix}S\\P_S\end{bmatrix}=\begin{bmatrix}s_1 & s_2 & s_3 & s_4 & s_5 & s_6 & s_7\\0.20 & 0.19 & 0.18 & 0.17 & 0.15 & 0.10 & 0.01\end{bmatrix}$$

采用费诺编码方法，用码元表 $X=\{0,1\}$，对 S 进行编码。费诺编码的步骤如下：

(1) 将信源符号按概率从大到小排序；

(2) 将信源符号分成两组，使两组信源符号的概率之和近似相等，并给两组信源符号分别赋码元“0”和“1”；

(3) 接下来再把各小组的信源符号细分为两组并赋码元，方法与第一次分组相同；

(4) 如此一直进行下去，直到每一小组只含一个信源符号为止；

(5) 由此即可构造一个码树，所有终端节点上的码字组成费诺码。

由费诺编码过程不难看出其基本特点：第一，费诺编码在构造码树时，是从树根开始到终端节点结束，这与霍夫曼编码相反；第二，由于赋码元时的任意性，因此费诺编码编出的码字也不唯一；第三，费诺编码虽属概率匹配范畴，但并未严格遵守匹配规则，即不全是按“概率大码长小、概率小码长大”来决定码长，有时会出现概率小码长反而小的情况，如表 3.5 中符号 s_4 对应的码字就是如此，因此平均码长一般不会最小。

表 3.5　费诺编码

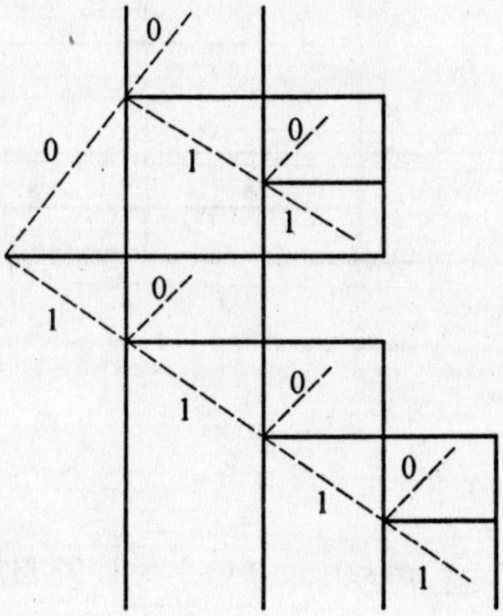

符号 s_i	概率 $p(s_i)$	码字 ω_i	码长 l
s_1	0.20	00	2
s_2	0.19	010	3
s_3	0.18	011	3
s_4	0.17	10	2
s_5	0.15	110	3
s_6	0.10	1110	4
s_7	0.01	1111	4

根据表 3.5，可求出费诺编码的平均码长和编码效率分别为

$$\bar{l}=\sum_{i=1}^{7}p(s_i)l_i=0.2\times2+0.19\times3+0.18\times3+0.17\times2+$$
$$0.15\times3+0.1\times4+0.01\times4=$$
$$2.74\ \text{码元 / 符号}$$

$$H(S)=-\sum_{i=1}^{7}p(s_i)\log_2 p(s_i)=2.61\ \text{比特 / 符号}$$

$$\eta_c=\frac{H(S)}{\bar{l}\log_2 r}=\frac{2.61}{2.74\times\log_2 2}\approx95\%$$

为了进行比较，可对该信源进行霍夫曼编码(编码过程从略)，这时

$$\bar{l}=2.72\ \text{码元 / 符号}$$

$$\eta_c=96\%$$

费诺编码的平均码长比霍夫曼编码略长，编码效率稍有下降。因此，费诺编码不是平均码长最短意义下的最佳编码，可将其看成准最佳编码。

【例 3.11】　$\begin{bmatrix}S\\p(s)\end{bmatrix}=\begin{bmatrix}s_1 & s_2 & s_3 & s_4 & s_5\\0.4 & 0.3 & 0.2 & 0.05 & 0.05\end{bmatrix}$

信源符号 s_i	符号概率 $p(s_i)$	第1次分组	第2次分组	第3次分组	码字	码长
s_1	0.4	0	0		00	2
s_4	0.05		1	0	010	3
s_5	0.05			1	011	3
s_2	0.3	1	0		10	2
s_3	0.2		1		11	2

该费诺码的平均码长为

$$\bar{l}=\sum_{i=1}^{7}p(s_i)l_i=$$

$$0.4\times2+0.3\times2+0.2\times2+2\times(0.05\times3)=2.1$$

$$H(S)=-\sum_{i=1}^{5}p(s_i)\log_2 p(s_i)=1.95\ \text{比特 / 符号}$$

编码效率为

$$\eta=\frac{H(S)}{\bar{l}}=\frac{1.95}{2.1}\approx93\%$$

显然，费诺码比香农码的平均码长小，编码效率高。其实这样编码的效率还不是最高的，现用另一种分割方法：

信源符号 s_i	符号概率 $p(s_i)$	第1次分组	第2次分组	第3次分组	第4次分组	码字	码长
s_1	0.4	0				0	1
s_2	0.3	1	0			10	2
s_3	0.2		1	0		110	3
s_4	0.05			1	0	1110	4
s_5	0.05				1	1111	4

该费诺码的平均码长为

$$\bar{l}=\sum_{i=1}^{7}p(s_i)l_i=$$

$$0.4\times1+0.3\times2+0.2\times3+2\times(0.05\times4)=2.0$$

编码效率为

$$\eta=\frac{H(S)}{\bar{l}}=\frac{1.95}{2.0}=97.5\%$$

可见编码效率又有所提高。事实上这已是最佳编码，就是说编码效率已不能再提高。证明这种编码在编码中已是最佳的。

3.5 游程编码

3.5.1 游程编码简介

前面介绍了几种信源无失真编码理论。为满足可操作性及便于软硬件实现等方面的要求，编码理论在实际采用时都要经过一定程度的调整。这种调整也使实用编码方法有了较强的针对性，更能适用于不同的信源。

游程编码是霍夫曼编码的一种改进和应用，主要用于黑、白二值文件的传真。以文本文件的传真为例，扫描分割后的文件用离散像素序列来表示。白纸黑字的二值文件采用二元码进行编码，即表示背景（白色）时像素为码元"0"，表示内容（黑字）时像素为码元"1"。

参照国际标准：一张A4幅面（21 mm×29 mm）的二值文件按4线/mm进行分割扫描，共可分1 188行，每行有1 728个像素，则整幅总共有2.05 M个像素，需要引入2.05 M个单元储存，若以此直接传真，将需耗费大量的通信时间。

分析各类传真文件可知：任意一个扫描行的像素序列均是由若干个连"0"像素序列及若干个连"1"像素序列组合而成，且同类像素连续出现的概率很大。这给我们一种启示：即对大量出现的"0"或"1"，（黑或白）像素序列在传输时，可通过像素类别（黑、白像素）加重复次数的方式来加以表示，由此思路形成的一种编码方法即称为游程编码（RLC）。而重复出现的同类像素的长度则称为游程长度（Runlength）。

编码的基本原理是：用一个符号值代替具有相同值的连续符号，连续符号构成了一段连续的"行程"，游程编码因此而得名。使符号长度少于原始数据的长度，只在各行或者各列数据的代码发生变化时，一次记录该代码及相同代码重复的个数，从而实现数据的压缩。

例如：5555557777733322221111111。游程编码为：(5,6)(7,5)(3,3)(2,4)(1,7)。可见，游程编码的位数远远少于原始字符串的位数。

并不是所有的游程编码都远远少于原始字符串的位数，但游程编码也成了一种压缩工具。例如：555555是6个字符而(5,6)是5个字符，这也存在压缩量的问题，自然也会出现其他方式的压缩工具。

在对图像数据进行编码时，沿一定方向排列的具有相同灰度值的像素可看成是连续符号，用字串代替这些连续符号，可大幅度减少数据量。

游程编码分为定长游程编码和不定长游程编码两种类型。

游程编码是连续精确的编码，在传输过程中，如果其中一位符号发生错误，即可影响整个编码序列，使游程编码无法还原回原始数据。

游程长度在栅格加密时，数据量没有明显增加，压缩效率较高，且易于检索、叠加合并等操作，运算简单，适用于机器存储容量小、数据需大量压缩而又要避免复杂的编码和解码运算、增加处理和操作时间的情况。

3.5.2 MH 编码原理

MH 码是国际电话电报咨询委员会提出的文件、传真类一维数据压缩编码的国际标准，是由游程编码及霍夫曼编码集合而成的一种改进型霍夫曼码。

由前面分析可知，霍夫曼编码要求已知信源符号的概率分布。由于文件、传真等文件的内容千差万别，概率分布各不相同，为达到最佳编码，则必须实时调整编码表。为避免出现同时传输码字及编码表的情形，MH 码使用固定编码表进行编码，即在信源与信宿两端，利用预先确定的编码表各自独立进行编码和解码。

由于采用固定的编码表，对不同的信源，其编码效率也各不相同。为达到编码的高效和统一，国际电话电报咨询委员会为 MH 编码提供了 8 幅标准文件，作为标准参考信源(含打字文件、打字课本、电路图、手写文稿、气象图等)。经过对 8 幅参考信源的统计分析，计算出实际出现"黑"、"白"像素时的路程长度及相应的概率，并根据这些概率分布，最终确定出"黑"、"白"像素在某一游程长度时的霍夫曼编码表。

鉴于"黑"、"白"像素的游程长度在 0～63 之间分布居多，为了进一步简化编译系统，更好地压缩码字长度，MH 码又在编码中对游程长度进行分割，将长游程码(游程长度大于 64) 分割为结尾码(终止码) 和组合码(形成码) 两部分。编码规则为：

(1) 游程长度在 0～63 时，码字直接用相应的终端码表示，例如，一行中连续 19 个白，接着连续 30 个黑，即白游程长度为 19，接着黑游程长度为 30。查表得码字为

0001100 | 000001101000

(2) 游程长度为 64～1 728 时，用一个组合码加上一个终端码为相应码字。例如白游程长度为 65(=64+1)，用白游程长度为 64 的组合码字加上白游程长度为 1 的终端码字组成相应的码字，查表得码字为

11011 | 000111

若黑游程长度 $856=832+24=64\times13+24$，故查表得码字为

0000001001101 | 00000010111

(3) 规定每行都从白游程(长度可以为零) 开始。若实际出现黑游程开始的话，则在行首加上零长度白游程码字。每行结束用一个结束码(EOL)。

(4) 在传输时，每页文件开始第一个数据前加一个结束码。每页尾连续使用 6 个结束码表示结尾。

(5) 每行恢复成 1 728 个像素，否则有错。因为霍夫曼码是即时码，所以可以将接收到的二元序列查表译得原二元序列。

(6) 为了传输时实现同步操作，规定 T 为每编码行的最小传输时间。一般规定 T 最小为 20 ms，最大为 5 s。若编码行传输时间小于 T，则在结束码之前填以足够的"0"码元(称填充码)。

【例 3.12】 设有一页传真数据中某一行上的像素点如下分布

73 白	7 黑	11 白	18 黑	1 619 白

求：(1) 该行图像的 MH 编码；

(2) 编码后该行的总比特数；

(3) 该行的编码压缩率。

解 (1) 根据 MH 码表可得该行图像的 MH 码：

64 白＋9 白	7 黑	11 白	18 黑	1 600 白＋19 白	EOL
11011 10100	00011	01000	0000001000	010011010 0001100	000000000001

(2) 编码后该行的总比特数为 58 位。

(3) 该行的压缩率为：$1\ 728/58 \approx 29.8$。

习　　题

3.1 有一信源，它有 6 个可能的输出，其概率分布如下表所示，表中给出了对应的码 A, B, C, D, E, F。

(1) 求这些码中哪些是唯一可译码；

(2) 求哪些是非延长码(即时码)；

(3) 对所有唯一可译码求出其平均码长 $\bar{l}$。

消息	$P(a_i)$	A	B	C	D	E	F
a_1	1/2	000	0	0	0	0	0
a_2	1/4	001	01	10	10	10	100
a_3	1/16	010	011	110	110	1100	101
a_4	1/16	011	0111	1110	1110	1101	110
a_5	1/16	100	01111	11110	1011	1110	111
a_6	1/16	101	011111	111110	1101	1111	011

3.2 求概率分布为(1/3,1/5,1/5,2/15,2/15)信源的二元霍夫曼码。讨论此码对于概率分布为(1/5,1/5,1/5,1/5,1/5)的信源也是最佳二元码。

3.3 设二元霍夫曼码为(00,01,10,11)和(0,10,110,111)，求出可以编得这样霍夫曼码的信源的所有概率分布。

3.4 设 S 为一离散无记忆信源，其符号集合为 $\{0,1\}$，概率分布为 $P(0)=0.995$，$P(1)=0.005$。令信源符号序列的长度为 $n=100$，假定对所有只包含 3 个以下符号"1"的

序列编制长度为 l 的非奇异二进制码。求：

(1) 信源的熵 $H(S)$ 及其冗余度；

(2) l 的最小值应该为多少？试比较 l/n 和 $H(S)$；

(3) 信源产生的序列没有码字与其对应的概率。

3.5 前缀码又称为即时码是因为在译码时产生的译码延时为零。变长码的译码延时定义为在译码时所需查看的下一个码字的码符号个数的最大值。例如，码 $C=\{0,01\}$ 的译码延时为 1，请给出一个译码延时为 3 的变长码。

3.6 某信源有 8 个符号 $\{s_1,s_2,\cdots,s_8\}$，概率分别为 1/2，1/4，1/8，1/16，1/32，1/64，1/128，1/128，编成这样的码：000，001，010，011，100，101，110，111。

(1) 信源的符号熵 $H(S)$；

(2) 出现一个“1”或一个“0”的概率；

(3) 这种码的编码效率；

(4) 相应的香农码和费诺码；

(5) 该码的编码效率。

3.7 设有信源

X：	x_1	x_2	x_3	x_4	x_5	x_6	x_7
P：	0.2	0.19	0.18	0.17	0.15	0.1	0.01

对这一信源进行二进制霍夫曼编码，并计算平均码长及编码效率。

第 4 章

信道及信道编码

信息必须通过信道传送给收信者，在信息传输过程中，噪声或干扰主要是从信道引入的，它使信息通过信道传输后产生错误和失真。因此信道的输入和输出之间一般不是确定的函数关系，而是统计依赖的关系。只要知道信道的输入信号、输出信号以及它们之间的统计依赖关系，就可以确定信道的全部特性，首先我们来了解一下信道。

4.1 信道及译码规则

4.1.1 信道的分类

在通信中，信道按其物理组成常被分成微波信道、光纤信道、电缆信道等，这种分类是因为信号在这些信道中传输时遵循不同的物理规律，而通信技术必须研究这些规律以获得信号在这些信道中的传输特性。信息论研究怎样获得这些传输特性及其信息的传输问题。

根据实际应用的需要，信道有几种分类方法：

(1) 按其输入、输出信号在幅度和时间上的取值是离散或连续来划分，如表 4.1 所示。

表 4.1　按输入、输出信号在幅度和时间上的取值是离散或连续划分

幅度	时间	信道名称
离散	离散	离散信道(数字信道)
连续	离散	连续信道
连续	连续	模拟信道(波形信道)
离散	连续	(理论与实用价值均很小)

(2) 按其输入、输出信号之间关系的记忆特性来划分，可分为有记忆信道和无记忆信道。如果信道的输出只与信道该时刻的输入有关而与其他时刻的输入无关，则称此信道是无记忆的，反之称为有记忆的。实际信道一般都是有记忆的。信道中的记忆现象来源于物理信道中的惯性，如电缆信道中的电感电容、无线信道中的电波传播的衰落现象等。有记忆信道的分析比较复杂，有用的研究成果很少，因此，我们主要研究无记忆信道。

(3) 按输入输出信号之间的关系是否确定来划分，可分为有噪声信道和无噪声信道。一般来说，因为信道中总是存在某种程度的噪声，所以信道输入输出之间的关系是一种统计依赖的关系。但是当噪声与信号相比很小时可以近似为无噪声信道。有噪声信道是信息论研究的主要对象。信道输入、输出以及信道输入、输出信号之间的统计关系的描述就构成了有噪声信道的数学模型。

(4) 根据信道的统计特性是否随时间变化来划分，可分为恒参信道(平稳信道)和随参信道。恒参信道是指信道的统计特性不随时间变化，卫星通信信道在某种意义上可以近似为恒参信道；随参信道是指信道的统计特性随时间变化，如短波通信中，其信道可看成随参信道。

4.1.2 信道模型

1. 离散信道的数学模型

离散信道的数学模型一般如图 4.1 所示。图中输入和输出信号用随机矢量表示，输入信号为 $X=(X_1, X_2, \cdots, X_N)$，输出信号为 $Y=(Y_1, Y_2, \cdots, Y_N)$；每个随机变量 X_i 和 Y_i 又分别取值于符号集 $A=\{a_1, a_2, \cdots, a_r\}$ 和 $B=\{b_1, b_2, \cdots, b_s\}$，其中 r 不一定等于 s；条件概率 $P(y \mid x)$ 描述了输入信号和输出信号之间的统计依赖关系，反映了信道的统计特性。

图 4.1　离散信道基本模型

根据信道的统计特性即条件概率 $P(y \mid x)$ 的不同，离散信道可以分为三种情况：

(1) 无干扰信道。信道中没有随机干扰或干扰很小，输出信号 Y 与输入信号 X 之间有确定的一一对应的关系。

(2) 有干扰无记忆信道。实际信道中常有干扰，即输出符号与输入符号之间没有确定的对应关系。若信道任一时刻的输出符号只统计依赖于对应时刻的输入符号，而与非对应时刻的输入符号及其他任何时刻的输出符号无关，则这种信道称为无记忆信道。

(3) 有干扰有记忆信道。这是更一般的情况，既有干扰又有记忆，实际信道往往是这种类型。在这一类信道中某一瞬间的输出符号不但与对应时刻的输入符号有关，而且与此前其他时刻信道的输入符号及输出符号有关，这样的信道称为有记忆信道。

2. 单符号离散信道的数学模型

单符号离散信道的输入变量为 X，取值于$\{a_1, a_2, \cdots, a_r\}$，输出变量为 Y，取值于$\{b_1, b_2, \cdots, b_s\}$，并有条件概率

$$P(y \mid x) = P(y = b_j \mid x = a_i) = P(b_j \mid a_i) \quad (i = 1, 2, \cdots, r; j = 1, 2, \cdots, s)$$

这一组条件概率称为信道的传递概率或转移概率。

因为信道中有干扰(噪声)存在，信道输入为 $x = a_i$ 时，输出是哪一个符号 y，事先无法确定。但信道输出一定是 $b_1, b_2, \cdots, b_s$ 中的一个，即有

$$\sum_{j=1}^{s} P(b_j \mid a_i) = 1 \qquad (i = 1, 2, \cdots, r) \tag{4.1}$$

由于信道的干扰使输入符号 x 在传输中发生错误，所以可以用传递概率 $P(b_j \mid a_i)$ $(i = 1, 2, \cdots, r; j = 1, 2, \cdots, s)$ 来描述干扰影响的大小。因此，一般简单的单符号离散信道的数学模型可以用概率空间 $[X, P(y \mid x), Y]$ 加以描述。另外，也可以用图来描述，如图 4.2 所示。

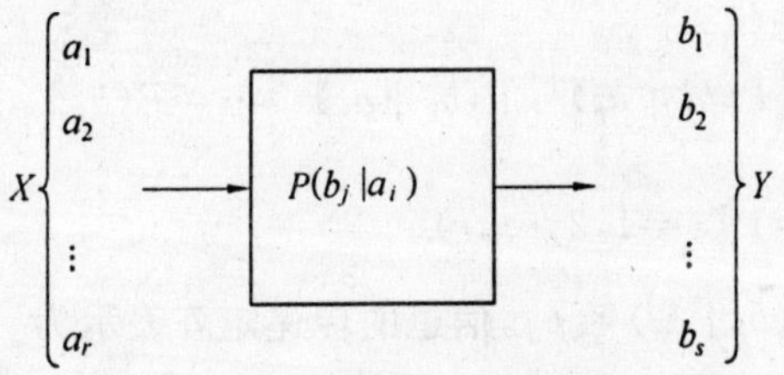

图 4.2　单符号离散信道

【例 4.1】　二元对称信道，这是很重要的一种特殊信道(简记为 BSC)，如图 4.3 所示。它的输入符号 X 取值于 $\{0,1\}$，输出符号 Y 取值于 $\{0,1\}$，$r = s = 2$，$a_1 = b_1 = 0$，$a_2 = b_2 = 1$，传递概率为

$$P(b_1 \mid a_1) = P(0 \mid 0) = 1 - p = \bar{p}, \quad P(b_2 \mid a_2) = P(1 \mid 1) = 1 - p = \bar{p}$$

$$P(b_1 \mid a_2) = P(0 \mid 1) = p, \quad P(b_2 \mid a_1) = P(1 \mid 0) = p$$

其中，$P(1 \mid 0)$ 表示信道输入符号为 0 而接收到的符号为 1 的概率，$P(0 \mid 1)$ 表示信道输入符号为 1 而接收到的符号为 0 的概率，它们都是单个符号传输发生错误的概率，通常用 p 表示。而 $P(0 \mid 0)$ 和 $P(1 \mid 1)$ 是无错误传输的概率，通常用 $1 - p = \bar{p}$ 表示。

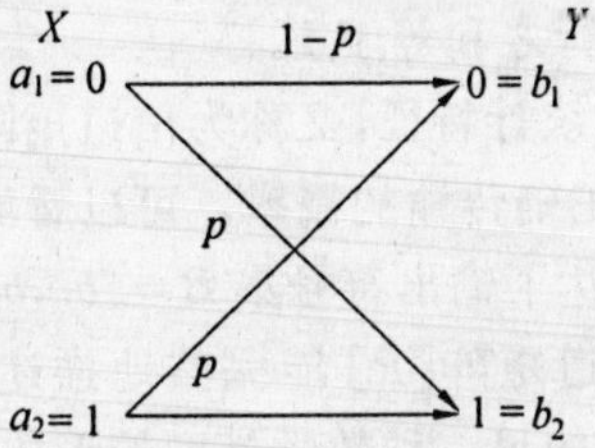

图 4.3　二元对称信道 1

显然，这些传递概率满足式(4.1)，即

$$\sum_{j=1}^{2} P(b_j \mid a_1) = \sum_{j=1}^{2} P(b_j \mid a_2) = 1$$

用矩阵来表示，即得二元对称信道的传递矩阵为

$$\begin{matrix} & \begin{matrix} 0 & \quad 1 \end{matrix} \\ \begin{matrix} 0 \\ 1 \end{matrix} & \begin{bmatrix} 1-p & p \\ p & 1-p \end{bmatrix} \end{matrix}$$

依此类推，一般离散单符号信道的传递概率可用以下形式的矩阵来表示，即

$$\begin{matrix} & \begin{matrix} b_1 & \qquad b_2 & \qquad \cdots & \qquad b_s \end{matrix} \\ \begin{matrix} a_1 \\ a_2 \\ \vdots \\ a_r \end{matrix} & \begin{bmatrix} P(b_1 \mid a_1) & P(b_2 \mid a_1) & \cdots & P(b_s \mid a_1) \\ P(b_1 \mid a_2) & P(b_2 \mid a_2) & \cdots & P(b_s \mid a_2) \\ \vdots & \vdots & & \vdots \\ P(b_1 \mid a_r) & P(b_2 \mid a_r) & \cdots & P(b_s \mid a_r) \end{bmatrix} \end{matrix}$$

并满足式 $\sum_{j=1}^{s} P(b_j \mid a_i) = 1 \ (i = 1, 2, \cdots, r)$。

为了表述简便，记 $P(b_j \mid a_i) = p_{ij}$，信道的传递矩阵表示为

$$\boldsymbol{P} = \begin{bmatrix} p_{11} & p_{12} & \cdots & p_{1s} \\ p_{21} & p_{22} & \cdots & p_{2s} \\ \vdots & \vdots & & \vdots \\ p_{r1} & p_{r2} & \cdots & p_{rs} \end{bmatrix}$$

而且满足

$$p_{ij} > 0 \quad \begin{cases} i \text{ 是行的标号} \\ j \text{ 是列的标号} \end{cases}$$

且

$$\sum_{j=1}^{s} p_{ij} = 1 \quad (i = 1, 2, \cdots, r) \tag{4.2}$$

式(4.2)表示传递矩阵中的每一行之和等于1。

这个矩阵完全描述了信道的统计特征，又称为信道矩阵，其中有些概率是信道干扰引起的错误概率，有些概率是信道正确传输的概率。可以看到，信道矩阵[P]既表达了输入符号集 $A=\{a_1, a_2, \cdots, a_r\}$，又表达了输出符号集 $B=\{b_1, b_2, \cdots, b_s\}$，同时还表达了输入与输出之间的传递概率关系，故信道矩阵[P]能完整地描述给定的信道。因此，信道矩阵[P]也可以作为离散单符号信道的另一种数学模型的形式。

定义4.1 已知发送符号为 a_i，通过信道传输接收到的符号为 b_j 的概率 $P(b_j \mid a_i)$ 称为前向概率。已知信道输出端接收到的符号为 b_j，而发送符号为 a_i 的概率 $P(a_i \mid b_j)$ 称为后向概率。

有时，也把 $P(a_i)$ 称为输入符号的先验概率（即在接收到一个输出符号以前输入符号的概率），而对应地把 $P(a_i \mid b_j)$ 称为输入符号的后验概率（在接收到一个输出符号以后输入符号的概率）。

为了讨论方便，下面列出本章讨论中常用的一些关于联合概率和条件概率的关系：

(1) 设输入和输出符号的联合概率为 $P(x=a_i,\ y=b_j)=P(a_i b_j)$，则有

$$P(a_i b_j)=P(a_i)P(b_j \mid a_i)=P(b_j)P(a_i \mid b_j) \tag{4.3}$$

(2)
$$P(b_j)=\sum_{i=1}^{r}P(a_i)P(b_j \mid a_i) \quad (j=1,2,\cdots,s) \tag{4.4}$$

(3) 根据贝叶斯定律，可得后验概率与先验概率之间的关系

$$P(a_i \mid b_j)=\frac{P(a_i b_j)}{P(b_j)} \quad (P(b_j)\neq 0)=$$

$$\frac{P(a_i)P(b_j \mid a_i)}{\sum_{i=1}^{r}P(a_i)P(b_j \mid a_i)} \quad (i=1,2,\cdots,r;j=1,2,\cdots,s) \tag{4.5}$$

4.1.3　错误概率和译码规则

由于信道中存在噪声，因而信道传输信息的质量必然会下降。噪声越严重，传输信息的质量就会越差，当噪声严重到一定程度，传输信息就成为不可能。理想的信道也就是无噪声的信道是不存在的。在有噪信道中传输消息是会发生错误的。为了减少错误，提高可靠性，首先要分析错误概率与哪些因素有关，有没有办法加以控制，能控制到什么程度等问题。

1. 错误概率与信道统计特性有关

信道的统计特性可由信道的传递矩阵来描述。当确定了输入和输出对应关系后，也就确定了信道矩阵中哪些是正确传递概率，哪些是错误传递概率。例如在二元对称信道中，单个符号的错误传递概率是 p，正确传递的概率是 $\bar{p}=1-p$。

2. 错误概率与译码规则有关

通信过程一般并不是在信道输出端就结束了，还要经过译码过程（或判决过程）才到达消息的终端。因此，译码过程和译码规则对系统的错误概率影响很大。

现举一个特殊例子来说明。设一个二元对称信道，其传输特性如图 4.4 所示。一般二元对称信道输出端的译码器是将接收到的符号“0”译成发送的符号为“0”，接收到的符号“1”译成发送的符号为“1”。如果仍按照此译码器的译码规则，那么当发送符号为“0”，接收到符号仍为“0”，则译码器译为符号“0”为正确译码，因此对发送符号“0”来说，译对的可能性只有 1/3；而当发送符号为“0”，接收到符号却是“1”，则译成符号“1”为错误译码，则译错的概率 $P_e^{(0)}$ 是 2/3。因为信道对称，对发送符号“1”来说，译错的概率 $P_e^{(1)}$ 也是

2/3。在此译码规则下，平均错误概率（假设输入端符号是等概率分布）为

$$P_E = P(0) \cdot P_e^{(0)} + P(1) \cdot P_e^{(1)} = 2/3 \tag{4.6}$$

反之，若译码器根据这个特殊信道定出另一种译码规则，将输出端接收符号“0”译成符号“1”，把接收符号“1”译成符号“0”，则译错的可能性就减少了，为 1/3；而译对的可能性增大了，为 2/3。

可见，错误概率既与信道的统计特性有关，也与译码的规则有关。

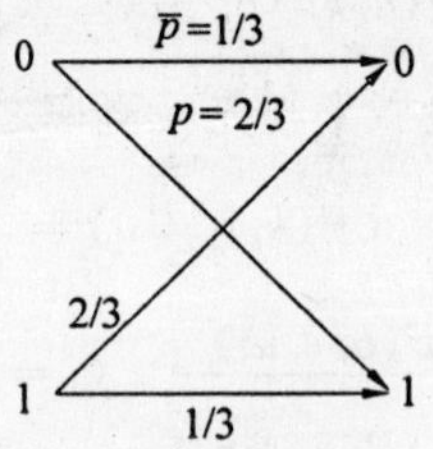

图 4.4　二元对称信道 2

3. 译码规则

定义 4.2（译码规则）　设离散单符号信道的输入符号集为 $A=\{a_i\}(i=1,2,\cdots,r)$；输出符号集为 $B=\{b_j\}(j=1,2,\cdots,s)$。定义译码规则就是设计一个函数 $F(b_j)$，它对于每一个输出符号 b_j 确定一个唯一的输入符号 a_i 与其对应（单值函数），即

$$F(b_j) = a_i \quad (i=1,2,\cdots,r;j=1,2,\cdots,s) \tag{4.7}$$

【例 4.2】　有一离散单符号信道，信道矩阵为

$$\boldsymbol{P} = \begin{matrix} & b_1 & b_2 & b_3 \\ a_1 & 0.5 & 0.3 & 0.2 \\ a_2 & 0.2 & 0.3 & 0.5 \\ a_3 & 0.3 & 0.3 & 0.4 \end{matrix}$$

根据这个信道矩阵，设计一个译码规则

$$A:\begin{cases} F(b_1) = a_1 \\ F(b_2) = a_2 \\ F(b_3) = a_3 \end{cases}$$

也可以设计另外一个译码规则

$$B:\begin{cases} F(b_1) = a_1 \\ F(b_2) = a_3 \\ F(b_3) = a_2 \end{cases}$$

由于 s 个输出符号中的每一个都可以译成 r 个输入符号中的任何一个，所以共有 r^s 种

译码规则可供选择。

这里主要介绍最大后验概率准则和极大似然译码准则。

(1) 最大后验概率准则

译码规则的选择应该根据什么准则？一个很自然的准则当然就是要使平均错误概率为最小。

为了选择译码规则，首先必须计算平均错误概率。

在确定译码规则 $F(b_j)=a_i$ 后，若信道输出端接收到的符号为 b_j，则一定译成 a_i，如果发送端发送的就是 a_i，就为正确译码；如果发送的不是 a_i，就为错误译码。那么，收到符号 b_j 条件下译码的条件正确概率为

$$P[F(b_j) \mid b_j]=P(a_i \mid b_j) \tag{4.8}$$

令 $P(e \mid b_j)$ 为条件错误概率，其中 e 表示除了 $F(b_j)=a_i$ 以外的所有输入符号的集合。条件错误概率与条件正确概率之间有关系

$$P(e \mid b_j)=1-P(a_i \mid b_j)=1-P[F(b_j) \mid b_j] \tag{4.9}$$

然后对所有的 b_j 取平均，则平均正确译码概率为

$$P_{\mathrm{R}}=\sum_{j=1}^{m} P(b_j)P_{rj}=\sum_{j=1}^{m} P(b_j)\cdot P[F(b_j)=a_i \mid b_j] \tag{4.10}$$

可以得到平均错误译码概率为

$$P_{\mathrm{E}}=\sum_{j=1}^{m} P(b_j)P(e \mid b_j)=\sum_{j=1}^{m} P(b_j)\{1-P[F(b_j)=a_i \mid b_j]\} \tag{4.11}$$

平均错误概率表示经过译码后平均接收到一个符号所产生的错误大小。

这就是平均错误译码概率的基本表达式，在通信系统设计和分析时，总是希望得到最可能小的平均错误译码概率。因此所有通信系统都将平均译码错误概率作为系统可靠性的一个重要指标。

如何设计译码规则 $F(b_j)=a_i$，使 P_{E} 最小呢？由于式(4.10)右边是非负项之和，所以可以选择译码规则使每一项为最小，即得 P_{E} 为最小。因为 $P(b_j)$ 与译码规则无关，所以只要设计译码规则 $F(b_j)=a_i$ 使条件错误概率 $P(e \mid b_j)$ 为最小。

根据式(4.9)，为了使 $P(e \mid b_j)$ 为最小，就应选择 $P[F(b_j) \mid b_j]$ 为最大。

定义 4.3　选择译码函数：

$$F(b_j)=a^* \quad (a^* \in A, b_j \in B)$$

并使之满足条件

$$P(a^* \mid b_j) \geqslant P(a_i \mid b_j) \quad (a_i \in A, a_i \neq a^*) \tag{4.12}$$

这种译码规则称为“最大后验概率准则”或“最小错误概率规则”。

如果采用最大后验概率译码准则，它对于每一个输出符号均译成具有最大后验概率

的那个输入符号,此时信道错误概率就能最小。

因为一般已知信道的传递概率 $P(b_j \mid a_i)$ 与输入符号的先验概率 $P(a_i)$,所以根据贝叶斯定律,式(4.12) 可写成

$$\frac{P(b_j \mid a^*)P(a^*)}{P(b_j)} \geqslant \frac{P(b_j \mid a_i)P(a_i)}{P(b_j)} \quad a_i \in A, a_i \neq a^*, b_j \in B \tag{4.13}$$

一般 $P(b_j) \neq 0$, $b_j \in B$,这样,最大后验概率准则也可表示为

选择译码函数

$$F(b_j) = a^* \quad (a^* \in A, b_j \in B)$$

使满足

$$P(b_j \mid a^*)P(a^*) \geqslant P(b_j \mid a_i)P(a_i) \quad (a_i \in A, a_i \neq a^*)$$

(2) 极大似然译码准则

定义 4.4 选择译码函数

$$F(b_j) = a^* \qquad (a^* \in A, b_j \in B)$$

使满足

$$P(b_j \mid a^*) \geqslant P(b_j \mid a_i) \quad (a_i \in A, a_i \neq a^*)$$

这样定义的译码规则称为极大似然译码准则(Maximum Likelihood Decoding)。

根据极大似然译码准则,收到符号 b_j 后,应译成信道矩阵 $\boldsymbol{P}$ 的第 j 列中最大的元素所对应的信源符号。 如果所对应的取值最大的信源符号不唯一,则不译此符号。显然,极大似然译码准则本身不再依赖先验概率 $P(a_i)$。但是当先验概率为等概率分布时,它使错误概率 P_E 最小(如果先验概率不相等或未知时仍可以采用这个准则,但不一定能使 P_E 最小)。

在输入符号等概率时,极大似然译码准则与最大后验概率译码准则是等价的。

4. 计算平均错误概率

根据译码准则,平均错误概率为

$$\begin{aligned} P_E = &\sum_Y P(b_j)P(e \mid b_j) = \\ &\sum_Y \left\{1 - P[F(b_j) \mid b_j]\right\} P(b_j) = \\ &1 - \sum_Y P[F(b_j)b_j] = \\ &\sum_{X,Y} P(a_i b_j) - \sum_Y P[F(b_j)b_j] = \end{aligned}$$

$$\sum_{X,Y} P(a_i b_j) - \sum_{Y} P(a^* b_j) = \sum_{X-a^*,Y} P(a_i b_j) \tag{4.14}$$

而平均正确概率为

$$\bar{P}_E = 1 - P_E = \sum_{Y} P[F(b_j) b_j] = \sum_{Y} P(a^* b_j) \tag{4.15}$$

式(4.14)中求和号 $\sum\limits_{X-a^*}$ 表示对输入符号集 A 中除 $F(b_j)=a^*$ 以外的所有元素求和，式(4.14)也可以写成

$$P_E = \sum_{X-a^*,Y} P(b_j \mid a_i) P(a_i) \tag{4.16}$$

式(4.16)的平均错误概率是在联合概率矩阵$[P(a_i)P(b_j \mid a_i)]$中先求每列除去 $F(b_j)=a^*$ 所对应的 $P(a^* b_j)$ 以外所有元素之和，然后再对各列求和。当然，也可以在矩阵$[P(a_i)P(b_j \mid a_i)]$中先对每行求和，除去译码规则中 $F(b_j)=a^*$ 所对应的 $P(a_i b_j)(j=1,2,\cdots,r)$，然后再对各行求和。因此，式(4.16)还可以写成

$$P_E = \sum_{X} \sum_{Y-a^* \text{对应的} b_j} P(a_i) P(b_j \mid a_i) =$$

$$\sum_{X} P(a_i) \sum_{Y} \{P(b_j \mid a_i), F(b_j) \neq a^*\} =$$

$$\sum_{X} P(a_i) P_e^{(i)} \tag{4.17}$$

其中 $P_e^{(i)} = \sum\limits_{Y} \{P(b_j \mid a_i), F(b_j) \neq a^*\}$，是输入符号 a_i 传输所引起的错误概率。

如果先验概率 $P(a_i)$ 是等概率的，$P(a_i)=1/r$，则由式(4.17)得

$$P_E = \frac{1}{r} \sum_{X-a^*,Y} P(b_j \mid a_i) = \frac{1}{r} \sum_{X} P_e^{(i)} \tag{4.18}$$

式(4.18)表明，在等先验概率分布情况下，译码错误概率可用信道矩阵中的元素 $P(b_j \mid a_i)$ 求和来表示。求和是除去每列对应于 $F(b_j)=a^*$ 的那一项后，求矩阵中其余元素之和。

【例 4.3】 已知信道矩阵

$$\boldsymbol{P} = \begin{bmatrix} 0.5 & 0.3 & 0.2 \\ 0.2 & 0.3 & 0.5 \\ 0.3 & 0.3 & 0.4 \end{bmatrix}$$

根据极大似然译码准则，选择译码函数

$$B: \begin{cases} F(b_1) = a_1 \\ F(b_2) = a_3 \\ F(b_3) = a_2 \end{cases}$$

因为在矩阵的第一列中 $P(b_1 \mid a_1)=0.5$ 为最大;第 3 列中 $P(b_3 \mid a_2)=0.5$ 为最大;而在第 2 列中 $P(b_2 \mid a_i)=0.3(i=1,2,3)$,所以 $F(b_2)$ 任选 a_1,a_2,a_3 都行。在输入等概率分布时采用译码函数 B 可使信道平均错误概率最小,平均错误概率为

$$P_E=\frac{1}{3}\sum_{X-a^*,Y}P(b \mid a)=\frac{1}{3}[(0.2+0.3)+(0.3+0.3)+(0.2+0.4)]=$$

$$\frac{1}{3}\sum_X P_e^{(i)}=\frac{1}{3}[(0.3+0.2)+(0.2+0.3)+(0.3+0.4)]=0.567$$

若选用前述译码函数 A 则得平均错误概率为

$$P'_E=\frac{1}{3}\sum_{X-a^*,Y}P(b \mid a)=\frac{1}{3}[(0.2+0.3)+(0.3+0.3)+(0.2+0.5)]=0.600$$

可见,$P'_E>P_E$。

若输入不是等概分布,其概率分布为 $P(a_1)=\frac{1}{4}$,$P(a_2)=\frac{1}{4}$,$P(a_3)=\frac{1}{2}$,根据极大似然译码准则仍可选择译码函数为 B,计算其平均错误概率为

$$P''_E=\sum_X P(a_i)P_e^{(i)}=\frac{1}{4}(0.3+0.2)+\frac{1}{4}(0.2+0.3)+\frac{1}{2}(0.3+0.4)=0.600$$

但采用最小错误概率译码准则,它的联合概率矩阵 $[P(a_ib_j)]$ 为

$$[P(a_ib_j)]=\begin{bmatrix}0.125 & 0.075 & 0.05\\ 0.05 & 0.075 & 0.125\\ 0.15 & 0.15 & 0.2\end{bmatrix}$$

所以得译码函数为

$$C:\begin{cases}F(b_1)=a_3\\ F(b_2)=a_3\\ F(b_3)=a_3\end{cases}$$

计算平均错误概率

$$P'''_E=\sum_Y\sum_{X-a^*}P(a_i)P(b_j \mid a_i)=$$

$$(0.125+0.05)+(0.075+0.075)+(0.05+0.125)=0.50=$$

$$\sum_X P(a_i)P_e^{(i)}=\frac{1}{4}\times 1+\frac{1}{4}\times 1+\frac{1}{2}\times 0=0.50$$

可见,$P''_E>P'''_E$,所以输入不是等概分布时极大似然译码准则的平均错误概率不是最小。

平均错误概率 P_E 与译码规则(译码函数)有关,而译码规则又由信道的特性决定。信道中的噪声导致输出端发生错误,并使接收到输出符号后,对发送符号具有不确定性。而这种不确定性可由 $H(X \mid Y)$ 来度量,因此 P_E 与信道疑义度 $H(X \mid Y)$ 是有一定关系的,它们的关系满足下式

$$H(X \mid Y) \leqslant H(P_E) + P_E \log_2 (r-1)$$

式中　$H(P_E)$—— 错误概率 P_E 的熵，表示产生错误概率 P_E 的不确定性。

这个重要的不等式是由费诺首先证明的，所以又称费诺不等式。它告诉人们：接收到 Y 后关于 X 的平均不确定性可分为两部分，第一部分是指接收到 Y 后是否产生 P_E 错误的不确定性 $H(P_E)$；而第二部分表示当错误 P_E 发生后，到底是哪个输入符号发送而造成错误的最大不确定性为 $P_E \log_2 (r-1)$（其中 r 是输入符号集的个数）。若以 $H(X \mid Y)$ 为纵坐标，P_E 为横坐标，函数 $H(P_E) + P_E \log_2 (r-1)$ 随 P_E 变化的曲线如图 4.5 所示。从图中可知当信源、信道给定时，信道疑义度 $H(X \mid Y)$ 就给定了译码错误概率的下限。

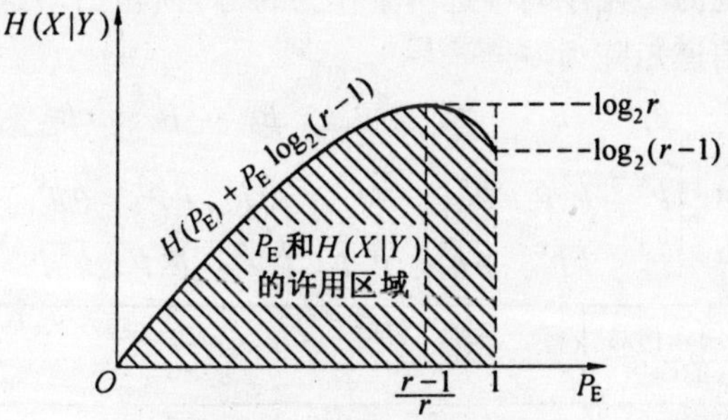

图 4.5　费诺不等式曲线图

4.1.4　错误概率与编码方法

上一节已说明：当消息通过有噪信道传输时发生错误的概率与译码规则有关。一般来说，当信道给定即信道矩阵给定，不论采用什么译码规则，P_E 都不会等于或趋于零。

例如，在如图 4.6 所示的二元对称信道中，若选择极大似然译码准则进行译码，使

$$F(b_1 = 0) = (a_1 = 0), \quad F(b_2 = 1) = (a_2 = 1)$$

则总的平均错误概率(假设输入是等概率分布) 如图 4.6 所示。

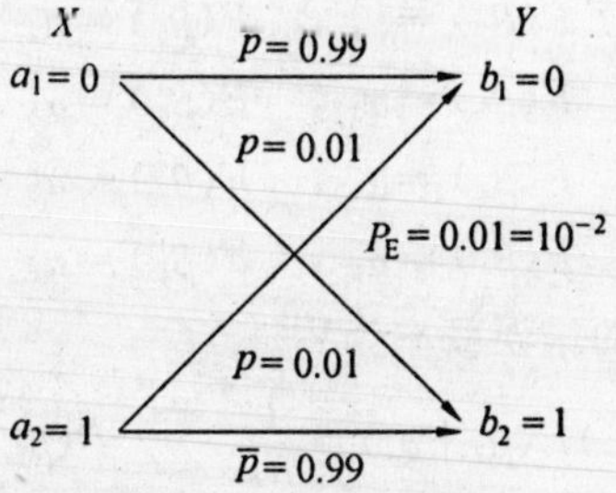

图 4.6　某二元对称信道

对于一般数据传输系统来说（例如数字通信，数据传输），这个错误概率已经相当大

了。一般要求系统的错误概率为 $10^{-6} \sim 10^{-9}$，有的甚至要求更低的错误概率。

那么，在上述统计特性的二元信道中，能否有办法使错误概率降低呢？

实际经验告诉人们，只要在发送端把消息重复发几遍，就可使接收端接收消息时错误减小，从而提高通信的可靠性。

如在二元对称信道中，当发送符号 0 时，不是只发一个 0 而是连续发三个 0；同样发送符号 1 时也连续发送三个 1。这是一种最简单的重复编码，于是信道输入端有两个码字 000 和 111。但在输出端，由于信道干扰的作用，各个码元都可能发生错误，则有 8 个可能的输出序列（如图 4.7 所示）。显然，这样一种信道可以看成是三次无记忆扩展信道。其输入是在 8 个可能出现的二元序列中选两个作为符号，而输出端这 8 个可能的输出符号都是接收序列。这时信道矩阵为

$$\boldsymbol{P}=\begin{matrix} & \beta_1 & \beta_2 & \beta_3 & \beta_4 & \beta_5 & \beta_6 & \beta_7 & \beta_8 \\ \alpha_1 & \bar{p}^3 & \bar{p}^2 p & \bar{p}^2 p & \bar{p} p^2 & \bar{p}^2 p & \bar{p} p^2 & \bar{p} p^2 & p^3 \\ \alpha_8 & p^3 & \bar{p} p^2 & \bar{p} p^2 & \bar{p}^2 p & \bar{p} p^2 & \bar{p}^2 p & \bar{p}^2 p & \bar{p}^3 \end{matrix}$$

没有使用的码字	用做消息的码字		输出端接收序列
$\alpha_1=$	000		$000=\beta_1$
$\alpha_2=001$			$001=\beta_2$
$\alpha_3=010$			$010=\beta_3$
$\alpha_4=011$		→ 二元对称信道的三次扩展信道 →	$011=\beta_4$
$\alpha_5=100$			$100=\beta_5$
$\alpha_6=101$			$101=\beta_6$
$\alpha_7=110$			$110=\beta_7$
$\alpha_8=$	111		$111=\beta_8$

图 4.7　简单的重复编码

根据极大似然译码规则（假设输入是等概率的），可得简单重复编码的译码函数为

$$F(\beta_1)=\alpha_1\,,\quad F(\beta_5)=a_1$$
$$F(\beta_2)=\alpha_1\,,\quad F(\beta_6)=\alpha_8$$
$$F(\beta_3)=\alpha_1\,,\quad F(\beta_7)=\alpha_8$$
$$F(\beta_4)=\alpha_8\,,\quad F(\beta_8)=\alpha_8$$

根据式(4.14)计算得译码后的错误概率为

$$P_{\mathrm{E}}=\sum_{C-\alpha^{*},Y^3} P(\alpha_i)P(\beta_j\mid\alpha_i)=\frac{1}{M}\sum_{C-\alpha^{*},Y^3} P(\beta_j\mid\alpha_i)=$$

$$\frac{1}{2}[p^3+\bar{p}p^2+\bar{p}p^2+\bar{p}p^2+\bar{p}p^2+\bar{p}p^2+\bar{p}p^2+p^3]=$$

$$p^3 + 3\bar{p}p^2 \approx 3 \times 10^{-4}（当\ p = 0.01）$$

其中 $C = \{000, 111\} = \{\alpha_1, \alpha_8\}$。

也可以采用“择多译码”的译码规则，即根据输出端接收序列中 0 多还是 1 多。如果有两个以上是 0 则译码器就判决为 0，如果有两个以上是 1 则判决为 1。根据择多译码原则，同样可得

$$P_E = 错\ 3\ 个码元的概率 + 错\ 2\ 个码元的概率 = C_3^3 p^3 + C_3^2 pp^2 =$$

$$p^3 + 3\bar{p}\,p^2 \approx 3 \times 10^{-4}（当\ p = 0.01）$$

可见，择多译码准则与极大似然译码准则是一致的。

与原来 $P_E = 10^{-2}$ 比较，显然这种简单重复的编码方法（现在 $n=3$，重复三次），已把错误概率降低了接近两个数量级。这是因为现在消息数 $M=2$，根据编码和译码规则使输入符号 α_1 和四个接收序列（$\beta_1, \beta_2, \beta_3, \beta_5$）对应。而 α_8 与另四个接收序列（$\beta_4, \beta_6, \beta_7, \beta_8$）对应。这样，当传送符号（$\alpha_1$ 或 α_8）时，若符号中有一位发生错误，译码器还能正确译出所传送的消息。但若传输中发生两位或三位错误，译码器就会译错。所以这种简单重复编码方法可以纠正发生一位的错误，译错的可能性变小了，因此错误概率降低。

显然，若重复更多次 $n = 5, 7, \cdots$，一定可以进一步降低错误概率，可算得

$$n = 5 \qquad P_E \approx 10^{-5}$$

$$n = 7 \qquad P_E \approx 4 \times 10^{-7}$$

$$n = 9 \qquad P_E \approx 10^{-8}$$

$$n = 11 \qquad P_E \approx 5 \times 10^{-10}$$

可见，当 n 很大时，使 P_E 很小是可能的。但这里带来了一个新问题，当 n 很大时，信息传输率就会降低很多。把编码后的信息传输率（也称码率）表示为

$$R = \frac{\log_2 M}{n} \quad （比特 / 码符号） \tag{4.19}$$

若传输每个码符号平均需要 t 秒钟，则编码后每秒钟传输的信息

$$R_t = \frac{\log_2 M}{nt} \quad （比特 / 秒） \tag{4.20}$$

式中　M—— 输入消息（符号）的个数；

$\log_2 M$—— 消息集在等概率条件下每个消息（符号）携带的平均信息量（比特）；

n—— 编码后码字的长度（码元的个数）。

根据式（4.19），可对上述重复编码方法计算信息传输率，设 $t = 1\ \mathrm{s}$，$M = 2$，则

当 $n = 1$（无重复）时

$$R = \frac{\log_2 M}{n} = 1\ 比特 / 码符号 \qquad R_t = 1\ 比特 / 秒$$

当 $n = 3$（重复三次）时

$$R=\frac{1}{3}\text{ 比特 / 码符号} \qquad R_t=\frac{1}{3}\text{ 比特 / 秒}$$

当 $n=5$ 时

$$R=\frac{1}{5}\text{ 比特 / 码符号} \qquad R_t=\frac{1}{5}\text{ 比特 / 秒}$$

⋮

当 $n=11$ 时

$$R=\frac{1}{11}\text{ 比特 / 码符号} \qquad R_t=\frac{1}{11}\text{ 比特 / 秒}$$

可以看到，尽管重复编码可使 P_E 降低很多，但同时也使信息传输率降得很低。这个矛盾能否解决，能否找到一种更好的编码方法，使 P_E 相当低，而 R 却保持在一定水平呢？从理论上讲这是可能的，这就是下节要讲到的香农第二基本定理。

先看一下简单重复编码的方法为什么使信息传输率降低？

在未重复编码以前，输入端是有两个消息（符号）的集合，假设为等概率分布，则每个消息（符号）携带的信息量是 $\log_2 M=1$（比特 / 符号）。

简单重复（$n=3$）后，可以把信道看成是三次无记忆扩展信道。这时输入端有 8 个二元序列可以作为消息（$\alpha_1,\cdots,\alpha_8$），但是这里只选择两个二元序列作为消息 $M=2$。这样每个消息携带的平均信息量仍是 1 比特，而传送一个消息需要付出的代价却是三个二元码符号，所以 R 就降低到 1/3 比特 / 码符号。

由此得到一个启发，如果在扩展信道的输入端把 8 个可能作为消息的二元序列都作为消息，$M=8$，则每个消息携带的平均信息量就是 $\log_2 M=\log_2 8=3$ 比特，而传递一个消息所需的符号数仍为三个二元码符号，则 R 就提高到 1 比特 / 码符号。这时，信道如图4.8所示。

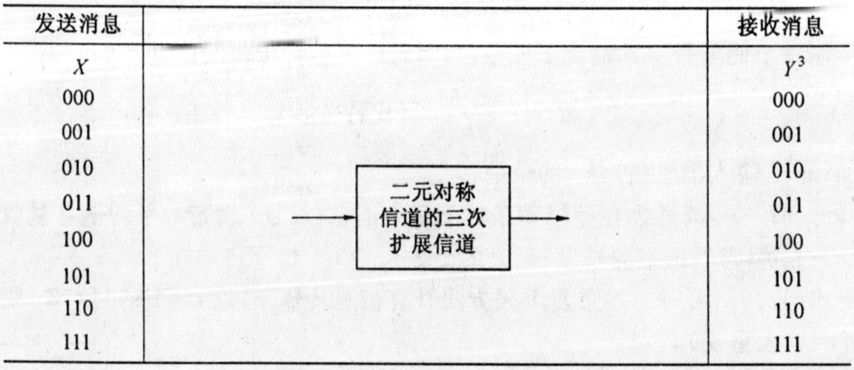

图 4.8　二元对称信道的三次扩展信道

现在，采用的译码规则将与前不同，只能规定接收端 8 个输出符号序列 β_j 与 α_i 一一对应。这样，只要符号序列中有一个码元符号发生错误就会变成其他所用的码字，使输出译码出现错误。只有符号序列中每个符号都不发生错误才能正确传输。所以得到正确传输的概率为 $\bar{p}^3$，于是错误概率为

$$P_E = 1 - \bar{p}^3 \approx 3 \times 10^{-2} (p = 0.01)$$

这时 P_E 反比单符号信道传输的 P_E 大三倍。

此处看到这样一个现象：在一个二元信道的 n 次无记忆扩展信道中，输入端有 2^n 个符号序列可以作为消息。如果选出其中的 M 个作为消息传递，则 M 越大，P_E 和 R 也越大；M 越小，P_E 和 R 也越小。

若在三次无记忆扩展信道中，取 $M=4$，取如下 4 个符号序列作为消息

0 0 0

0 1 1

1 0 1

1 1 0

按照极大似然译码规则，可计算出错误概率为

$$P_E \approx 2 \times 10^{-2}$$

与 $M=8$ 的情况比较，错误概率降低了，而信息传输率也降低了，即

$$R = \frac{\log_2 4}{3} = \frac{2}{3} \text{ 比特 / 码符号}$$

再进一步看，从 $2^n = 2^3 = 8$ 个符号序列中取 $M=4$ 个作为消息可以有 70 种选取方法。选取的方法（编码的方法）不同，错误概率是不同的，现在来比较下面两种取法：

$M=4$ 第 1 种选法	$M=4$ 第 2 种选法
0 0 0	0 0 0
0 1 1	0 0 1
1 0 1	0 1 0
1 1 0	1 0 0

已求得第 1 种选法的错误概率为

$$P_E \approx 2 \times 10^{-2}$$

用极大似然译码规则，计算出第 2 种选法的错误概率为

$$P_E = 2.28 \times 10^{-2}$$

比较这两种选法可知第 2 种码要差些（两者 R 相同）。对于第 1 种码来说，当接收到发送的消息中只要任一位发生错误时，就可判断消息在传输中发生了错误，但无法判断是哪个消息发生了什么错误。而对第 2 种码来说，当发送消息“000”传输时其中任一位发生错误，就变成了其他三个可能发送的消息，根本无法判断传输时有无发生错误。可见，错误

概率与编码方法有很大关系。

现在再考查这样一个例子。若信道输入端所选取的消息数不变，仍取 $M=4$，而增加码字长度，即增大 n，取 $n=5$。这时信道为二元对称信道的五次无记忆扩展信道。这个信道输入端可有$2^5=32$ 个不同的二元序列，选取其中 4 个作为发送消息。这时信息传输率为

$$R=\frac{\log_2 4}{5}=\frac{2}{5}=0.4 \text{ 比特 / 码符号}$$

这 4 个码字的选取采用下述编码方法：

设输入序列 $a_i=(a_{i_1},a_{i_2},a_{i_3},a_{i_4},a_{i_5})$，$a_{i_k}\in\{0,1\}$，其中 a_{i_k} 为 a_i 序列中第 k 个分量，若 a_i 中各分量满足方程

$$\begin{cases} a_{i_3}=a_{i_1}\oplus a_{i_2} \\ a_{i_4}=a_{i_1} \\ a_{i_5}=a_{i_1}\oplus a_{i_2} \end{cases}$$

就选取此序列 a_i 作为码字（其中 $\oplus$ 为模 2 相加运算），译码仍采用极大似然译码规则。选用此码，接收端译码规则能纠正码字中所有发生一位码元的错误，也能纠正其中两个二位码元的错误，所以可计算得正确译码概率为

$$\bar{P}_E=\bar{p}^5+5\bar{p}^4 p+2\bar{p}^3 p^2$$

错误译码概率为

$$P_E=1-\bar{P}_E=1-\bar{p}^5-5\bar{p}^4 p-2\bar{p}^3 p^2\approx$$
$$8\bar{p}^3 p^2\approx 7.8\times 10^{-4}(p=0.01)$$

将这种编码方法与前述 $n=3,M=4$ 的两种编码方法相比，虽然信息传输率略降低了一些，但错误概率减少很多。再拿此码与 $n=3,M=2$ 的重复码比较，它们的错误概率接近于同一个数量级，但此码的信息传输率却比 $n=3,M=2$ 的重复码的信息传输率大。因此采用增大 n，并适当增大 M，选取合适的编码方法，既能使 P_E 降低，又能使信息传输率不减少。

总之，尽管从直观上看，在有噪信道上信息传输的可靠性与信息传输率之间是矛盾的，要提高可靠性就必须牺牲传输率，也就是增加重复传输的次数。但实际上，只要码长 n 足够长时，合适地选择 M 个消息所对应的码字，就可以使错误概率很小，而信息传输率保持在一定水平上。那么，不禁要问，信道信息传输率最高能达到什么样的水平？最小平均错误译码概率又能小到什么程度？香农第二定理给出了准确的答案。

4.1.5　抗干扰信道编码定理及逆定理

定理 4.1　有噪信道编码定理

设离散无记忆信道$[X,P(y\mid x),Y]$，$P(y\mid x)$为信道传递概率，其信道容量为C。当信息传输率$R<C$时，只要码长n足够长，总可以在输入的符号集中找到2^{nR}个码字组成的一组码和相应的译码规则，使译码的错误概率任意小($P_E\to 0$)。

在定理 4.1 中，信道容量C是平均互信息量的最大值

$$C=\max_{p(x)} I(X;Y) \tag{4.21}$$

其单位是比特 / 符号。

定理 4.2　有噪信道编码逆定理(定理 4.1 的逆定理)

设离散无记忆信道$[X,P(y\mid x),Y]$，其信道容量为C。当信息传输率$R>C$时，则无论码长n多长，均找不到一种编码2^{nR}，使译码错误概率任意小。

定理 4.1 和定理 4.2 统称为香农第二定理，它是一个关于有效编码的存在性定理，具有根本性的重要意义，它说明错误概率趋于零的好码是存在的。它有助于指导各种通信系统的设计，有助于评价各种通信系统及编码的效率。香农 1948 年发表香农第二定理后，科学家就致力于研究信道中的各种易于实现的实际编码方法，赋予码以各种形式的代数结构，出现了各种形式的代数编码、卷积码、循环码等。

4.2　信道编码的基本思想

信道编码的目的是为了改善通信系统的传输质量。由于通信信道固有的噪声和衰落特性，信号在经过信道传输到达通信接收端的过程中不可避免地会受到干扰而出现信号失真。一般情况下，信道噪声、干扰越大，码字产生差错的概率也就越大。

在无记忆信道中，噪声独立随机地影响着每个传输码元，因此接收的码元序列中的错误是独立随机出现的。以高斯白噪声为主体的信道属于这类信道；太空信道、卫星信道、同轴电缆、光缆信道以及大多数视距微波接力信道，均属于这一类型信道。

在有记忆信道中，噪声、干扰的影响往往是前后相关的，错误是成串出现的，通常称这类信道为突发差错信道。实际的衰落信道、码间干扰信道均属于这类信道。典型的有短波信道、移动通信信道、散射信道以及受大的脉冲干扰和串话影响的明线和电缆信道，甚至还包括在磁记录中，划痕、涂层缺损将造成成串的差错。有些实际信道既有独立随机差错也有突发性成串差错，称它为混合信道。

信道编码是提高数字信号传输可靠性的有效方法之一，但是系统的可靠性是以牺牲有效性为代价来换取的。发送端在被传输的信息序列上附加一些码元(称为监督码元)，这些多余的码元与信息码元之间以某种确定的规则相互关联着，接收端根据既定的规则

检验信息码元与监督码元之间的这种关系，从而实现纠检错，这就是实现差错控制的最基本思想。而采用不同的变换关系，就构成不同的纠检错编码，检错或纠错能力也各有不同。一般说来，冗余度越大，系统传输信息的有效性就越低，纠检错能力就越强。

4.2.1 差错控制系统分类

由于通信线路上总有噪声存在，噪声和有用信息中的结果，就会出现差错。噪声可分为两类，一类是热噪声，另一类是冲击噪声。热噪声引起的差错是一种随机差错，即某个码元的出错具有独立性，与前后码元无关，冲击噪声是由短暂原因造成的，例如电机的启动、停止，电器设备的放弧等，冲击噪声引起的差错是成群的，其差错持续时间称为突发错的长度。衡量信道传输性能的指标之一是误码率 P_e。

$$P_e = 错误接收的码元数 / 接收的总码元数$$

目前普通电话线路中，当传输速率为 600～2 400 bit/s 时，P_e 为 10^{-4}～10^{-6}，对于大多数通信系统，P_e 为 10^{-5}～10^{-9}，而计算机之间的数据传输则要求误码率低于 10^{-9}。根据差错产生的原因，差错控制方法具体可以分以下三种。

1. 无反馈信道控制方式

无反馈信道控制方式如图 4.9(a) 所示，只有一条前向信道传输信息。前向纠错(FEC) 技术是一种在目前通信系统中得到广泛应用的无反馈信道控制技术。其原理是在原有的数据流中添加冗余信息，即第 N 个包中不仅包括码流信息还包括第 $N-1$ 个包的冗余信息，如果第 $N-1$ 个包丢失，则根据第 N 个包中的冗余信息恢复丢失的数据。当错误率保持在一定的限度内时，接收端能够利用冗余信息重新构造出丢失的数据。这种方式的特点是单向传输，实时性好，但译码设备较复杂。

2. 反馈信道控制方式

反馈信道编码的典型技术就是检错重发(ARQ) 技术，它在信道中设计一反馈回路，如图 4.9(b) 所示。当译码器发现带误码的数据包后，通过反馈回路通知信源重发，反复重复此过程，直到收到正确的码字为止。ARQ 技术由于需要重新发送分组，从而带来大量冗余数据。网络丢包率太高时，重传不仅不能解决丢包问题，反而由于循环重传导致网络性能的急剧下降，从而带来更大的传输延迟。

3. 混合差错控制方式

任何信道编码的检错、纠错能力都是有限的，当信道中的干扰较严重，在传输信号中造成的误码超出纠错能力时，单一信道编码将无法发现和纠正错误，针对这种情况，增加一条反馈信道，如图 4.9(c) 所示。混合纠错方式记作 HEC(Hybrid Error－Correction)，是 FEC 和 ARQ 方式的结合。发送端发送具有自动纠错同时又具有检错能力的码。接收端收到码后，检查差错情况，如果错误在码的纠错能力范围以内，则自动纠错，如果超过了码的纠错能力，但能检测出来，则经过反馈信道请求发送端重发。对于某些通信质量要求非常严格的系统，可以采用两级纠错的方法以进一步提高纠错能力。通常做法是把信道编码分成内外两层，处于内层的纠错编译码一般被称为内层纠错编码，而处于外层的纠错编译码则被称为外层纠错编码。内层纠错编码先纠正传输误码，检测不到的误码，再由外层纠错编码作进一步的纠正。两层纠错编码大大提高了信道编码的纠错能力。

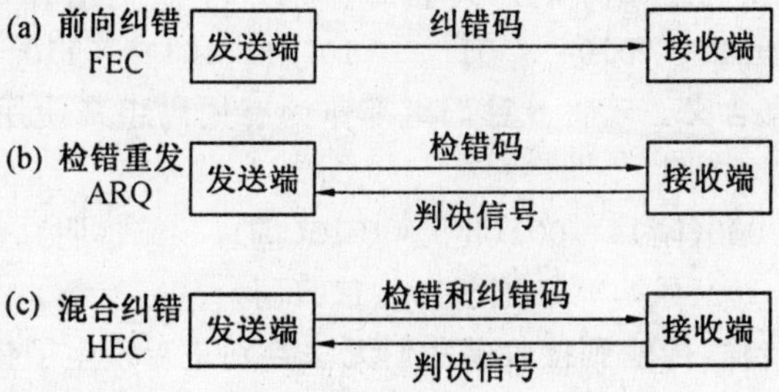

图 4.9　差错控制方式

4.2.2　纠检错基本原理

1. 纠错编码的基本概念

(1) 分组码

分组码是对每段 k 位长的信息组，以一定规则增加 $r=n-k$ 个校验元，组成长为 n 的序列：$(c_{n-1},c_{n-2},\cdots,c_1,c_0)$，称这个序列为码字(码组)。在二进制情况下，信息组总共有 $2k$ 个，相应的可得到 $2k$ 个不同的码字，称这 $2k$ 个码字集合为 (n,k) 分组码。

(2) 许用码组和禁用码组

n 位长的序列，其排列组合总共有 $2n$ 种，而 (n,k) 分组码的码字集合只有 $2k$ 种。所以，分组码的编码原理就是确定一套规则，从 $2n$ 个 n 位长序列中选出 $2k$ 个码字，不同的选取规则就得到不同的编码。对被选取的 $2k$ 个 n 位长的序列称为许用码组，其余的 $2n-2k$ 个序列称为禁用码组。

(3) 编码效率

编码效率 $\eta=k/n$，表示 (n,k) 分组码中，信息位在码字中所占的比重。用差错控制编码提高通信系统的可靠性，是以降低有效性为代价换来的。

(4) 汉明(Hamming) 距离与重量

两个码组中对应码位上取值不同的位数称为码组的距离，简称码距，又称汉明距离。例如，码组(10101) 与码组(01111) 的码距 $d=3$。

码组中非零码元的数目称为码组的重量，简称码重。例如，码组(10101) 的码重 $w=3$；码组(01111) 的码重 $w=4$。

(n,k) 分组码中，任两个码字之间距离的最小值，称为该分组码的最小码距 $d_{\min}$。$d_{\min}$ 是分组码的一个重要参数，它表明了分组码抗干扰能力的大小。$d_{\min}$ 越大，码的抗干扰能力越强，在同样译码方法下它的译码错误概率越小。

2. 纠检错的实现

下面举例来说明纠错码检错和纠错的基本原理。

例如：若 3 位二进制码组 $(a_3a_2a_1)$，其中 $a_i=0$ 或 1。此码组有 8 种不同的组合

000　001　010　011　100　101　110　111

可分别代表不同的信息含义。若将 8 种码组都作为有用码组来使用，比如代表 8 种天气情况

000(晴)，　001(雷)，　010(雹)，　011(阴)

100(风)，　101(云)，　110(雨)，　111(雪)

如果此时刻进行传输，传输到接收端我们无法判别是否发生了错误，因为任何一个码字，如果发生了一位或多位错误时，就错成了另外一个码字，无法辨别是否发生了错误。所以这种编码方法就不具有任何抗干扰能力。

但如果在 8 种码组中，规定只准使用其中 4 种来传输信息，比如

000(晴)，　011(阴)，　101(云)，　110(雨)

4 种信息完全可以由 2 位二进制数字来表示，即上面的前两位。可见，第三位完全是多余的，这第三位就作为附加的监督码。利用这样的码组来传输信息，若接收端接收到的是 001，我们就可以断定传输过程中发生了错误。由此接收端就有可能发现码组中出现的一位或三位错误，但不能发现两位错码的情况。

这种方法只能识别错误，但不能纠正错误。要想纠正错误，需要增加多余度。比如，只准使用两个码组

000(晴)　111(阴)

其他均为禁用码组，则它可检测两个错码或能纠正一个错码。

通过上例可以说明，为了能判断传送的信息是否有误，可以通过设定许用码组和禁用码组来实现，但最终的本质是通过在传送时增加必要的附加判断数据；如果又能纠正错误，则需要增加更多的附加判断数据。比如要传送“晴”和“阴”两种信息，若不发生差错的情况下，最简单的通过传送“0”和“1”即可以实现了，但是因为实际通信中，有差错产生，所以增加通过“000”和“111”来传送这两种信息，附加数据在不发生误码的情况之下是完全多余的，但如果发生误码，即可利用被传信息数据与附加数据之间的特定关系来实现检出错误和纠正错误，这就是纠检错编码的基本原理。

具体地说就是：为了使信源代码具有检错和纠错能力，应当按一定的规则在信源编码的基础上增加一些冗余码元(又称监督码)，使这些冗余码元与被传送信息码元之间建立一定的关系，发信端完成这个任务的过程就称为纠检错编码；在收信端，根据信息码元与

监督码元的特定关系，实现检错或纠错，输出原信息码元，完成这个任务的过程就称译码。

另外，无论检错和纠错，都有一定的误差范围，如上例中，若发送的是“000”，由于信道干扰，全部错成了“111”，但是我们进行判别的时候，根据错误产生概率的多少来判定的话，肯定判定发送为“111”，结果无法实现检错与纠错，这就应当增加更多的附加数据(即冗余)。

通过以上章节我们知道信源编码的中心任务是消去冗余，实现码率压缩，可是为了检错与纠错，又不得不增加冗余，这又必然导致码率增加，传输效率降低；显然通信系统中有效性和可靠性是矛盾的。我们分析纠检错编码的目的，正是为了寻求较好的编码方式，能在增加冗余不太多的前提下来实现检错和纠错。再者，经过信源编码，如果传送信道容量与信源码率相匹配，而且信道内引入的噪声越小，则误码率一般是越低的。

3. 纠检错能力与最小码距的关系

从上面的例子中，我们可以看出，码的最小距离 d_0 直接关系着码的检错和纠错能力；任一(n,k) 分组码，若要在码字内：

(1) 检测 e 个随机错误，则要求码的最小距离

$$d_0 \geqslant e+1 \tag{4.22}$$

(2) 纠正 t 个随机错误，则要求码的最小距离

$$d_0 \geqslant 2t+1 \tag{4.23}$$

(3) 纠正 t 个同时检测 $e(\geqslant t)$ 个随机错误，则要求码的最小距离

$$d_0 \geqslant t+e+1 \tag{4.24}$$

例如：

$d_{\min}=1$；无纠检错能力；

$d_{\min}=2$；检 1 位错；

$d_{\min}=3$；纠 1 位错(或检 2 位错)

$d_{\min}=4$；纠 1 位，同时检 2 位；

$d_{\min}=5$；纠 2 位错(或检 4 位错)；

$d_{\min}=6$；纠 2 位，同时检 3 位($t=2,e=3$)；

$d_{\min}=7$；纠 3 位错(或检 2 位错)；

$d_{\min}=8$；纠 3 位，同时检 4 位($t=3,e=4$)。

当最小码距为 3 时，我们可以采用如图 4.10 所示的几何图形来表示出最小码距与纠检错之间的关系，依此类推，有助于大家记忆。

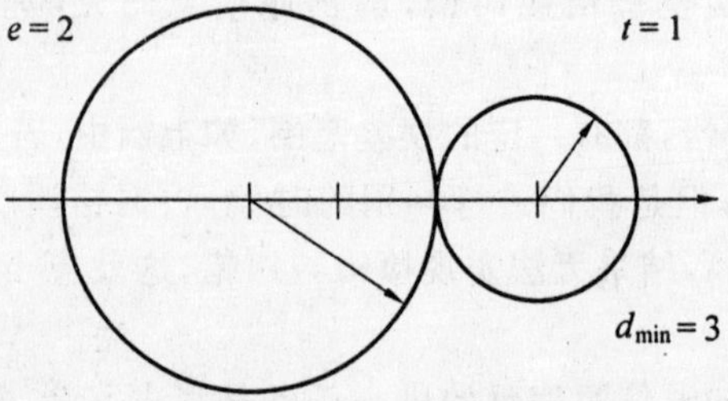

图 4.10　最小码字距离为 3 的纠错能力

4. 对差错控制编码的基本要求

我们定义编码效率 η

$$\eta=k/n \tag{4.25}$$

式中　k—— 信息元的个数；

n—— 码长，它是衡量码性能的又一个重要参量。

编码效率越高，传输信息的效率就越高，但此时纠检错能力要降低。可见，编码效率与纠检错能力是矛盾的。

对纠错码的基本要求是：检错和纠错能力尽量强；编码效率尽量高；编码规律尽量简单。实际中要根据具体指标要求，保证有一定纠、检错能力和编码效率，并且易于实现。

4.3 检　错　码

对于检错码，一般具有较少的监督位，冗余度较小，只能检出错误，但不能纠正错误。

4.3.1　奇偶校验码

奇偶校验码也称为一致监督检错码，是一种检错分组码。

1. 检错原理

当信息码字为二元序列，码字长度为 k，共有 2^k 个码字，可以在信息码字后面加上一位监督元，构成长度为 $n=k+1$ 的检错码。设码字 $\mathbf{A}=[a_{n-1}\ a_{n-2}\ \cdots\ a_1\ a_0]$，对偶监督码有

$$a_{n-1}\oplus a_{n-2}\oplus\cdots\oplus a_1\oplus a_0=0 \tag{4.26}$$

式中　$a_{n-1},a_{n-2},\cdots,a_1$—— 信息元；

a_0—— 监督元。

由于该码的每一个码字均按同一规则构成，故又称为一致监督码。接收端译码时，将码组中的码元模 2 相加，若结果为“0”，就认为无错；结果为“1”，就可断定该码组经传输后有奇数个错误。

奇监督码情况相似，只是码组中“1”的数目为奇数，即满足条件

$$a_{n-1} \oplus a_{n-2} \oplus \cdots \oplus a_0 = 1 \tag{4.27}$$

2. 漏检概率

检错码不能发现错误码字的概率称为漏检概率。

奇偶校验码不能发现偶数个码元错误，根据最小码距分析至少检一位错，实际上可以检出所有奇数个错。

假设信道误码率为 P_e，码字漏检概率为 P_u，有

$$P_u = \sum_{i=1}^{n/2} C_n^{2i} P_e^{2i} (1-P_e)^{n-2i} \quad (n \text{ 为偶数}) \tag{4.28}$$

$$P_u = \sum_{i=1}^{(n-1)/2} C_n^{2i} P_e^{2i} (1-P_e)^{n-2i} \quad (n \text{ 为奇数}) \tag{4.29}$$

其中 n 为码字长度，有

$$C_n^{2i} = \frac{n!}{(2i)!\,(n-2i)!} \tag{4.30}$$

3. 编码效率

$$\eta = \frac{k}{n} = \frac{n-1}{n} \tag{4.31}$$

4. 编码电路和译码电路

奇偶监督码的编码可以用软件实现，也可用硬件电路实现。图 4.11 是码字长度为 5 的偶监督码编码器，4 位长的信息组，串行送入四级移位寄存器，一旦存满，立即输送给输出定时缓冲器前四级，同时经模 2 运算得到监督元，存入输出缓冲器末级。编码完成即可输出码字。

接收端的检错电路如图 4.12 所示。当一个接收码组 B 完全进入五级移位寄存器时，开关 S 立即开通，从而取得检错信号 $M = b_4 + b_3 + b_2 + b_1 + b_0$。如果接收码组 B 无错，$B = A$，则 $M = 0$，如果接收码组 B 有单个或奇数个错，则 $M = 1$。

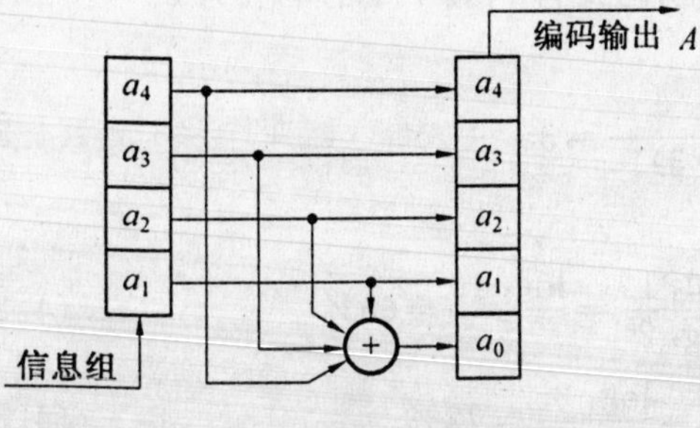

图 4.11　偶监督码编码器

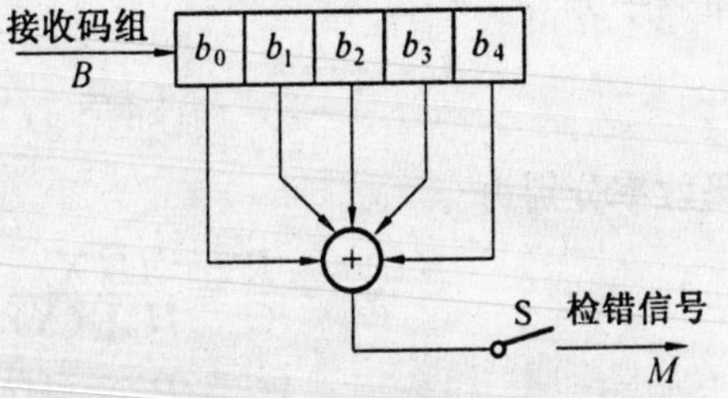

图 4.12　偶监督码检错电路

4.3.2 行列监督码

奇偶监督码不能发现偶数个错误，为了改善这种情况，引入行列监督码。这种码不仅对水平(行)方向的码元，而且对垂直(列)方向的码元实施奇偶监督。这种码既可以逐行传输，也可以逐列传输。一般的，$L \times M$ 个信息元附加 $L+M+1$ 个监督元，组成($LM+L+M+1, LM$)行列监督码的一个码字($L+1$ 行，$M+1$ 列)。图 4.13 是(66,50)行列监督码的一个码字。

这种码具有较强的检测能力，适于检测突发错误，还可用于纠错。

1	1	0	0	1	0	1	0	0	0	0
0	1	0	0	0	0	1	1	0	1	0
0	1	1	1	1	0	0	0	0	1	1
1	0	0	1	1	1	0	0	0	0	0
1	0	1	0	1	0	1	0	1	0	1
1	1	0	0	0	1	1	1	1	0	0

图 4.13 (66,50)行列监督码

4.3.3 定比码

定比码为一种简单检错码。我们以五三定比码和七三定比码为例进行分析。

五三定比码(五单位码)用于国内电报系统，码长为 5，其中 1 的个数为 3。这种码的许用码字为

$$C_5^3 = \frac{5!}{3!\ (5-3)!} = 10 \tag{4.32}$$

目前我国电话通信中普遍采用五三定比码，这时可能编成的不同码组数目等于从 5 中取 3 的组合数 4，这 4 个许用码组恰好可表示 0～9 共计 4 个阿拉伯数字。

七三定比码(七单位码)用于国际电报系统，码长为 7，其中 1 的个数为 3。这种码的许用码字为

$$C_7^3 = \frac{7!}{3!\ (7-3)!} = 35 \tag{4.33}$$

编码效率分别为

$$\eta_{53} = \frac{R}{C} = \frac{H(X)}{H_{\max}(X)} = \frac{\log_2 10}{\log_2 2^5} = \frac{\log_2 10}{5} = 66\% \tag{4.34}$$

$$\eta_{73} = \frac{R}{C} = \frac{H(X)}{H_{\max}(X)} = \frac{\log_2 35}{7} = 72\% \tag{4.35}$$

4.4　线性分组码

分组码是一种代数编码，一个码字包括独立的信息元和监督元，其监督元与信息元之间是一种代数关系，如果这种代数关系为线性的则称为线性分组码。若 $\boldsymbol{C}$ 为码字矢量，由 n 位码元组成，其中有 k 位信息元，$r=n-k$ 位监督元。对于二元编码来说，k 位信息码元共有 2^k 个不同组合，根据编码器为一一对应关系，输出的码字矢量也应当有 2^k 种码字。对于长度为 n 的二元序列来说，共有 2^n 个可能的码字矢量，编码器只是在这 2^n 个可能码矢中选择 2^k 个码字，被选中的 2^k 个称为许用码字，其余的 2^n-2^k 个码字称为禁用码字，称这 2^k 个码字矢量的集合为(n,k) 分组码。

4.4.1　汉明码的构成

汉明码是一种高码率的纠单个错误的线性分组码，其特点是 $d_0=3$，码长 n 与监督元 r 满足关系式：$n=2^k-1$。现以(7,4) 汉明码为例来说明(n,k) 线性分组码编码和译码的理论依据。

设码字为 $\mathbf{A}=[a_6\ a_5\ a_4\ a_3\ a_2\ a_1\ a_0]$，其中前 4 位是信息元，后 3 位是监督元。从中可以知道，共有许用码字 2^4 个，禁用码字 2^7-2^4 个。若监督元与信息元之间可用下列线性方程组来描述

$$\begin{cases} a_2=a_6+a_5+a_4 \\ a_1=a_6+a_5+a_3 \\ a_0=a_6+a_4+a_3 \end{cases} \tag{4.36}$$

显然，这 3 个方程是线性无关的。经计算可得(7,4) 码的全部码字，如表 4.2 所示。

表 4.2　(7,4) 码的码字表

序号	码字		序号	码字	
	信息元	监督元		信息元	监督元
0	0 0 0 0	0 0 0	8	1 0 0 0	1 1 1
1	0 0 0 1	0 1 1	9	1 0 0 1	1 0 0
2	0 0 1 0	1 0 1	10	1 0 1 0	0 1 0
3	0 0 1 1	1 1 0	11	1 0 1 1	0 0 1
4	0 1 0 0	1 1 0	12	1 1 0 0	0 0 1
5	0 1 0 1	1 0 1	13	1 1 0 1	0 1 0
6	0 1 1 0	0 1 1	14	1 1 1 0	1 0 0
7	0 1 1 1	0 0 0	15	1 1 1 1	1 1 1

4.4.2 监督矩阵 $\boldsymbol{H}$ 和生成矩阵 $\boldsymbol{G}$

我们对信息元和监督元线性方程组即式(4.36) 进行移相，使等式右边归零，3 个监督方程式可以改写为

$$\begin{cases}1\cdot a_6+1\cdot a_5+1\cdot a_4+0\cdot a_3+1\cdot a_2+0\cdot a_1+0\cdot a_0=0\\1\cdot a_6+1\cdot a_5+0\cdot a_4+1\cdot a_3+0\cdot a_2+1\cdot a_1+0\cdot a_0=0\\1\cdot a_6+0\cdot a_5+1\cdot a_4+1\cdot a_3+0\cdot a_2+0\cdot a_1+1\cdot a_0=0\end{cases}\tag{4.37}$$

这组线性方程可用矩阵形式表示为

$$\begin{bmatrix}1&1&1&0&1&0&0\\1&1&0&1&0&1&0\\1&0&1&1&0&0&1\end{bmatrix}[a_6\quad a_5\quad a_4\quad a_3\quad a_2\quad a_1\quad a_0]^{\mathrm{T}}=\begin{bmatrix}0\\0\\0\end{bmatrix}\tag{4.38}$$

并简记为

$$\boldsymbol{H}\boldsymbol{A}^{\mathrm{T}}=\boldsymbol{0}^{\mathrm{T}}\quad 或\quad \boldsymbol{A}\boldsymbol{H}^{\mathrm{T}}=\boldsymbol{0}\tag{4.39}$$

其中，$\boldsymbol{A}^{\mathrm{T}}$ 是 $\boldsymbol{A}$ 的转置；$\boldsymbol{0}^{\mathrm{T}}$ 是 $\boldsymbol{0}=[0\quad 0\quad 0]$ 的转置；$\boldsymbol{H}^{\mathrm{T}}$ 是 $\boldsymbol{H}$ 的转置。

$$\boldsymbol{H}=\begin{bmatrix}1&1&1&0&1&0&0\\1&1&0&1&0&1&0\\1&0&1&1&0&0&1\end{bmatrix}\tag{4.40}$$

$\boldsymbol{H}$ 称为监督矩阵，一旦 $\boldsymbol{H}$ 给定，信息位和监督位之间的关系也就确定了。$\boldsymbol{H}$ 为 $r\times n$ 阶矩阵，$\boldsymbol{H}$ 矩阵每行之间是彼此线性无关的。式(4.40) 所示的 $\boldsymbol{H}$ 矩阵可分成两部分

$$\boldsymbol{H}=\begin{bmatrix}1&1&1&0&1&0&0\\1&1&0&1&0&1&0\\1&0&1&1&0&0&1\end{bmatrix}=[\boldsymbol{P}\quad \boldsymbol{I}_r]\tag{4.41}$$

其中，$\boldsymbol{P}$ 为 $r\times k$ 阶矩阵；$\boldsymbol{I}_r$ 为 $r\times r$ 阶单位矩阵。

可以写成 $\boldsymbol{H}=[\boldsymbol{P}\quad \boldsymbol{I}_r]$ 形式的矩阵称为一致监督矩阵。

$\boldsymbol{H}\boldsymbol{A}^{\mathrm{T}}=\boldsymbol{0}^{\mathrm{T}}$，说明 $\boldsymbol{H}$ 矩阵与码字的转置乘积必为零，可以用来作为判断接收码字 $\boldsymbol{A}$ 是否出错的依据。

若把监督方程补充为下列方程

$$\begin{cases}a_6=a_6\\a_5=\quad a_5\\a_4=\quad\quad a_4\\a_3=\quad\quad\quad a_3\\a_2=a_6+a_5+a_4\\a_1=a_6+a_5\quad\quad+a_3\\a_0=a_6\quad\quad+a_4+a_3\end{cases}\tag{4.42}$$

可改写为矩阵形式

$$\begin{bmatrix} a_6 \\ a_5 \\ a_4 \\ a_3 \\ a_2 \\ a_1 \\ a_0 \end{bmatrix} = \begin{bmatrix} 1 & 0 & 0 & 0 \\ 0 & 1 & 0 & 0 \\ 0 & 0 & 1 & 0 \\ 0 & 0 & 0 & 1 \\ 1 & 1 & 1 & 0 \\ 1 & 1 & 0 & 1 \\ 1 & 0 & 1 & 1 \end{bmatrix} \begin{bmatrix} a_6 \\ a_5 \\ a_4 \\ a_3 \end{bmatrix} \tag{4.43}$$

即

$$\boldsymbol{A}^{\mathrm{T}} = \boldsymbol{G}^{\mathrm{T}} \begin{bmatrix} a_6 \\ a_5 \\ a_4 \\ a_3 \end{bmatrix} \tag{4.44}$$

变换为

$$\boldsymbol{A} = [a_6 \quad a_5 \quad a_4 \quad a_3]\boldsymbol{G}$$

其中

$$\boldsymbol{G} = \begin{bmatrix} 1 & 0 & 0 & 0 & 1 & 1 & 1 \\ 0 & 1 & 0 & 0 & 1 & 1 & 0 \\ 0 & 0 & 1 & 0 & 1 & 0 & 1 \\ 0 & 0 & 0 & 1 & 0 & 1 & 1 \end{bmatrix} \tag{4.45}$$

称为生成矩阵，由 $\boldsymbol{G}$ 和信息组就可以产生全部码字。$\boldsymbol{G}$ 为 $k \times n$ 阶矩阵，各行也是线性无关的。生成矩阵也可以分为两部分，即

$$\boldsymbol{G} = [\boldsymbol{I}_k \quad \boldsymbol{Q}] \tag{4.46}$$

其中

$$\boldsymbol{Q} = \begin{bmatrix} 1 & 1 & 1 \\ 1 & 1 & 0 \\ 1 & 0 & 1 \\ 0 & 1 & 1 \end{bmatrix} = \boldsymbol{P}^{\mathrm{T}} \tag{4.47}$$

$\boldsymbol{Q}$ 为 $k \times r$ 阶矩阵；$\boldsymbol{I}_k$ 为 k 阶单位阵。

式(4.46)形式的 $\boldsymbol{G}$ 矩阵，称为系统的生成矩阵。非系统的形式的矩阵经过运算也一定可以化为系统矩阵形式。

一致监督矩阵与系统生成矩阵的关系为：从生成矩阵与码字矢量的关系可以看出，$\boldsymbol{G}$ 矩阵的每一行都是一个码字矢量。由于每一行都是码字，把每一行作为一个码字矢量，都应当满足监督矩阵所规定的监督关系，即应当有

$$HG^{\mathrm{T}}=0^{\mathrm{T}} \quad 或 \quad GH^{\mathrm{T}}=0 \tag{4.48}$$

即

$$[P \quad I_r][I_k \quad Q]^{\mathrm{T}}=0^{\mathrm{T}} \tag{4.49}$$

$$P+Q^{\mathrm{T}}=0 \quad 或 \quad P=Q^{\mathrm{T}} \quad 或 \quad Q=P^{\mathrm{T}} \tag{4.50}$$

$\boldsymbol{P}$ 矩阵与 $\boldsymbol{Q}$ 矩阵互为转置矩阵。对于系统码，已知监督矩阵 $\boldsymbol{H}$ 就可以确定典型生成矩阵 $\boldsymbol{G}$，反之，已知生成矩阵也就可以确定监督矩阵。

4.4.3 伴随式(校验子 S)

设发送码组 $\boldsymbol{A}=[a_{n-1}\ a_{n-2}\ \cdots\ a_1\ a_0]$，在传输过程中可能发生误码。接收码组 $\boldsymbol{B}=[b_{n-1}\ b_{n-2}\ \cdots\ b_1\ b_0]$，则收发码组之差定义为错误图样 $\boldsymbol{E}$，也称为误差矢量，即

$$E=[e_{n-1}\ e_{n-2}\ \cdots\ e_1\ e_0] \tag{4.51}$$

$$E=B-A=B+(-A) \tag{4.52}$$

$$e_i=\begin{cases}0 & (b_i=a_i)\\ 1 & (b_i\neq a_i)\end{cases} \tag{4.53}$$

$\boldsymbol{E}$ 矩阵中，哪位出现了 1，就表示接收码组 $\boldsymbol{B}$ 中相应的码元错了。令 $\boldsymbol{S}=\boldsymbol{BH}^{\mathrm{T}}$，称为伴随式或校验子。

$$S=BH^{\mathrm{T}}=(A+E)H^{\mathrm{T}}=EH^{\mathrm{T}} \tag{4.54}$$

由此可见，伴随式 $\boldsymbol{S}$ 与错误图样 $\boldsymbol{E}$ 之间有确定的线性变换关系。接收端译码器的任务就是从伴随式确定错误图样，然后从接收到的码字中减去错误图样。

从表 4.3 中可以看出，伴随式 $\boldsymbol{S}$ 的 2^r 种形式分别代表 $\boldsymbol{A}$ 码无错和 2^r-1 种有错的图样。

表 4.3 (7,4) 码 S 与 E 的对应关系

序号	错误码位	E							S		
		e_6	e_5	e_4	e_3	e_2	e_1	e_0	s_2	s_1	s_0
0	/	0	0	0	0	0	0	0	0	0	0
1	b_0	0	0	0	0	0	0	1	0	0	1
2	b_1	0	0	0	0	0	1	0	0	1	0
3	b_2	0	0	0	0	1	0	0	1	0	0
4	b_3	0	0	0	1	0	0	0	0	1	1
5	b_4	0	0	1	0	0	0	0	1	0	1
6	b_5	0	1	0	0	0	0	0	1	1	0
7	b_6	1	0	0	0	0	0	0	1	1	1

4.4.4 分组码的纠检错能力

已知 (n,k) 分组码的最小码距，就可以知道其纠检错能力，例如，当最小码距为 4 时，

可以纠一位错，同时检两位错，也可以用于检三位错，这与上一小节介绍的结论是一样的。这里将进一步介绍有关性质。

任一个(n,k)线性分组码，若要纠正t位错误，其充要条件是一致监督矩阵$\boldsymbol{H}$中的任何$2t$个列向量线性无关。或者说：若使一个(n,k)线性分组码的最小码距为d，其一致监督矩阵$\boldsymbol{H}$中的任何$d-1$个列向量线性无关，而且线性分组码的最小码距等于非0码字的最小码重。

(1) 分组码的检错能力

最小码距为$d_{\min}$的分组码，能检出所有$d_{\min}-1$位或更少位错误的错误图样。它不能检测出所有的$d_{\min}$位错误。事实上，(n,k)码能检出长度为n的2^n-2^k个错误图样。因为这也是禁用码字的个数，收到禁用码字就等于检出错码。

(2) 分组码的纠错能力

当(n,k)分组码的最小码距为$d_{\min}=2t+1$，它可以纠正t个或更少的错误。但实际上，纠错能力为t的分组码还可以纠正一些$t+1$位或更多位错误的错误图样。

4.5 循　环　码

循环码是一类重要的线性分组码，它除了具有线性码的一般性质外，还具有循环性，即循环码组中任一码字循环移位所得的码字仍为该码组中的一个码字，它的结构完全建立在有限域多项式的基础上。表 4.4 给出一种(7,3)循环码的全部码字。

表 4.4　(7,3) 循环码

序号	码　字
0	0 0 0 0 0 0 0
1	0 0 1 1 1 0 1
2	0 1 0 0 1 1 1
3	0 1 1 1 0 1 0
4	1 0 0 1 1 1 0
5	1 0 1 0 0 1 1
6	1 1 0 1 0 0 1
7	1 1 1 0 1 0 0

循环码具有两个基本特点：一是编码电路与译码电路非常简单，易于实现；二是其代数性质好，编码译码分析方便，有一些好的译码方法。

4.5.1　循环码的描述

循环码可以用监督矩阵和生成矩阵描述，但更多地用域上多项式来描述。(n,k)循

环码的码字，其码多项式(以降幂顺序排列)为

$$A(x)=a_{n-1}x^{n-1}+a_{n-2}x^{n-2}+\cdots+a_1x+a_0 \tag{4.55}$$

这个多项式称为码字多项式。如表 4.4 中第 4 号码字可用下面多项式表示

$$A_4(x)=x^6+x^3+x^2+x \tag{4.56}$$

码字矢量的循环移位可以用 x 乘上 $A(x)$ 来表示。

1. 生成多项式和生成矩阵

在一个 (n,k) 循环码中，有且仅有一个次数为 $n-k=r$ 的码字多项式，记为

$$g(x)=x^r+g_{r-1}x^{r-1}+\cdots+g_1x+1 \tag{4.57}$$

同时，每个码字多项式都是 $g(x)$ 的倍式；每个次数小于等于 $n-1$ 的 $g(x)$ 的倍式必为一个码字多项式。这时称 $g(x)$ 为 (n,k) 码的生成多项式。

以(7,4)系统循环码的编码及码字多项式为例，其循环码字及多项式如表 4.5 所示。

从中我们可以知道 $g(x)=x^3+x+1$ 为(7,4)循环码的生成多项式。循环码中次数最低的非零码字多项式是唯一的，其次数为 $r=n-k$。令 $g(x)=x^r+g_{r-1}x^{r-1}+\cdots+g_1x+g_0$ 为一个 (n,k) 循环码 C 中最低次数码字多项式，则其常数项必为 $g_0=1$。

表 4.5 (7,4) 系统循环码

信息码字	循环码字	码字多项式	$g(x)$ 的倍式	倍式编码
0000	0000 000	0	0	0000
0001	0001 011	x^3+x+1	1	0001
004	004 14	x^4+x^2+x	x	004
0011	0011 41	$x^4+x^3+x^2+1$	$x+1$	0011
040	040 111	x^5+x^2+x+1	x^2+1	041
041	041 40	$x^5+x^3+x^2$	x^2	040
014	014 001	x^5+x^4+1	x^2+x+1	0111
0111	0111 04	$x^5+x^4+x^3+x$	x^2+x	014
400	400 41	x^6+x^2+1	x^3+x+1	411
401	401 14	$x^6+x^3+x^2+x$	x^3+x	44
44	44 011	x^6+x^4+x+1	x^3+1	401
411	411 000	$x^6+x^4+x^3$	x^3	400
140	140 04	x^6+x^5+x	x^3+x^2+x	114
141	141 001	$x^6+x^5+x^3+1$	x^3+x^2+x+1	1111
114	114 40	$x^6+x^5+x^4+x^2$	x^3+x^2	140
1111	1111 111	$x^6+x^5+x^4+x^3+x^2+x+1$	x^3+x^2+1	141

已知 $g(x)$ 为一个 $n-k$ 次多项式，则 $x^kg(x)$ 为一个 n 次多项式，则必有

$$\frac{x^kg(x)}{x^n+1}=1+\frac{g^{(k)}(x)}{x^n+1} \tag{4.58}$$

因为 $x^k g(x)$ 是 $g(x)$ 的循环移位，它也是一个码字多项式，所以一定为 $g(x)$ 的倍式，即有：$g^{(k)}(x)$ 为 $g(x)$ 的循环移位在模 x^n+1 下的结果，因此有

$$g^{(k)}(x)=q(x)g(x) \tag{4.59}$$

可知

$$x^k g(x)=x^n+1+g^{(k)}(x) \tag{4.60}$$

移位得

$$x^n+1=x^k g(x)+g^{(k)}(x)=[x^k+q(x)]g(x) \tag{4.61}$$

所以，生成多项式 $g(x)$ 为 x^n+1 的因式。

循环码可以用域上多项式描述，也可以用生成矩阵描述。已知 $g(x)$ 为循环码中的一个码字多项式，由循环码的循环特性可知，可以证明：在 (n,k) 循环码的码字多项式中，$g(x),xg(x),\cdots,x^k g(x)$ 等 k 个码字多项式必是线性无关（相互独立的）的。根据线性空间的特性，可知它们是一个 k 维子空间的基底，即由它们的线性组合可以生成这个 k 维子空间的 2^k 个码字。再根据线性分组码生成矩阵的定义，它的行向量是由 k 个线性无关的码字构成的，可以得到 (n,k) 循环码的一个多项式矩阵。

$$\boldsymbol{G}(x)=\begin{bmatrix} x^{k-1}g(x) \\ x^{k-2}g(x) \\ \vdots \\ xg(x) \\ g(x) \end{bmatrix} \tag{4.62}$$

以 (7,4) 循环码为例，若生成多项式 $g(x)=x^3+x+1$，其生成矩阵为

$$\boldsymbol{G}(x)=\begin{bmatrix} x^3 g(x) \\ x^2 g(x) \\ xg(x) \\ g(x) \end{bmatrix}=\begin{bmatrix} x^6+x^4+x^3 \\ x^5+x^3+x^2 \\ x^4+x^2+x \\ x^3+x+1 \end{bmatrix}=\begin{bmatrix} 1 & 0 & 1 & 1 & 0 & 0 & 0 \\ 0 & 1 & 0 & 1 & 1 & 0 & 0 \\ 0 & 0 & 1 & 0 & 1 & 1 & 0 \\ 0 & 0 & 0 & 1 & 0 & 1 & 1 \end{bmatrix} \tag{4.63}$$

2. 监督多项式及监督矩阵

为了便于对循环码编译码，通常还定义监督多项式，令

$$h(x)=\frac{x^n+1}{g(x)}=x^k+h_{k-1}x^{k-1}+\cdots+h_1 x+1 \tag{4.64}$$

其中 $g(x)$ 是常数项为 1 的 r 次多项式，是生成多项式；$h(x)$ 是常数项为 1 的 k 次多项式，称为监督多项式。

同理，可得监督矩阵为

$$\boldsymbol{H}(x)=\begin{bmatrix} x^{n-k-1}h^*(x) \\ \vdots \\ xh^*(x) \\ h^*(x) \end{bmatrix} \tag{4.65}$$

其中

$$h^*(x)=x^k+h_1(x)x^{k-1}+h_2(x)x^{k-2}+\cdots+h_{k-1}(x)x+1 \tag{4.66}$$

是 $h(x)$ 的逆多项式。

例如(7,3) 循环码，若生成多项式为

$$g(x)=x^4+x^3+x^2+1 \tag{4.67}$$

则

$$h(x)=\frac{x^7+1}{g(x)}=x^3+x^2+1$$

$$h^*(x)=x^3+x+1 \tag{4.68}$$

$$\boldsymbol{H}(x)=\begin{bmatrix} x^6+x^4+x^3 \\ x^5+x^3+x^2 \\ x^4+x^2+x \\ x^3+x+1 \end{bmatrix} \tag{4.69}$$

即

$$\boldsymbol{H}=\begin{bmatrix} 1 & 0 & 1 & 1 & 0 & 0 & 0 \\ 0 & 1 & 0 & 1 & 1 & 0 & 0 \\ 0 & 0 & 1 & 0 & 1 & 1 & 0 \\ 0 & 0 & 0 & 1 & 0 & 1 & 1 \end{bmatrix} \tag{4.70}$$

4.5.2 校验子与循环码的编、译码原理

1. 循环码的编码电路

根据循环码的编码方法，可知编码电路应当是一个多项式的除法电路。在编码时，首先要根据给定的(n,k)值选定生成多项式 $g(x)$，即应在 x^n+1 的因式中选一个 $r=n-k$ 次多项式作为 $g(x)$。设编码前的信息多项式 $m(x)$ 为

$$m(x)=a_1+a_2x+a_3x^2+\cdots+a_kx^{k-1} \tag{4.71}$$

$m(x)$ 的最高幂次为 $k-1$。循环码中的所有码多项式都可被 $g(x)$ 整除，根据这条原则，就可以对给定的信息进行编码。用 x^r 乘$m(x)$，得到 $x^r\cdot m(x)$ 的次数小于n。用$g(x)$去除$x^r\cdot m(x)$，得到余式 $R(x)$，$R(x)$ 的次数必小于 $g(x)$ 的次数，即小于 $n-k$。将此余式加于信息位之后作为监督位，即将 $R(x)$ 与 $x^rm(x)$ 相加，得到的多项式必为码字多项式，因为它必能被 $g(x)$ 整除，且商的次数不大于 $k-1$。循环码的码多项式可表示为

$$A(x)=x^r\cdot m(x)+R(x) \tag{4.72}$$

其中，$x^r\cdot m(x)$ 代表信息位；$R(x)$ 是 $x^r\cdot m(x)$ 与 $g(x)$ 相除得到的余式，代表监督位。

编码电路的主体由生成多项式构成的除法电路，再加上适当的控制电路组成。$g(x)=x^4+x^3+x^2+1$ 时，(7,3) 循环码的编码电路如图 4.14 所示。

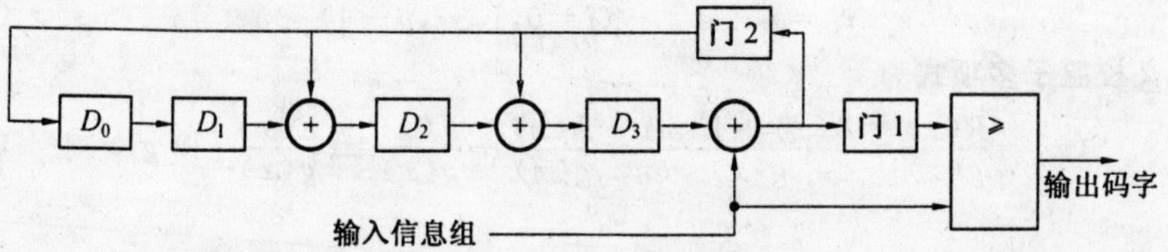

图 4.14　(7,3) 循环码的编码过程

$g(x)$ 的次数等于移位寄存器的级数；$g(x)$ 的 $x^0, x^1, x^2, \cdots, x^r$ 的非零系数对应移位寄存器的反馈抽头。首先，移位寄存器清零，3 位信息元输入时，门 1 断开，门 2 接通，直接输出信息元。第 3 次移位脉冲到来时将除法电路运算所得的余数存入移位寄存器。第 4～7 次移位时，门 2 断开，门 1 接通，输出监督元。具体编码过程如表 4.6 所示，此时输入信息元为 14。

表 4.6　(7,3) 循环码的编码过程

移位次序	输入	门 1	门 2	移位寄存器 D_0	D_1	D_2	D_3	输出
0	/	断开	接通	0	0	0	0	/
1	1			1	0	1	1	1
2	1			0	1	0	1	1
3	0			1	0	0	1	0
4	0	接通	断开	0	1	0	0	1
5	0			0	0	1	0	0
6	0			0	0	0	1	0
7	0			0	0	0	0	1

2. 校验子

设发送的码字多项式为 $A(x)$，错误图样多项式为 $E(x)$，则接收码字多项式为

$$R(x) = A(x) + E(x) \tag{4.73}$$

发送码字多项式为

$$A(x) = a_{n-1}x^{n-1} + a_{n-2}x^{n-2} + \cdots + a_1 x + a_0 \tag{4.74}$$

接收码字多项式为

$$R(x) = r_{n-1}x^{n-1} + r_{n-2}x^{n-2} + \cdots + r_1 x + r_0 \tag{4.75}$$

校验子多项式为

$$E(x) = e_{n-1}x^{n-1} + e_{n-2}x^{n-2} + \cdots + e_1 x + e_0 \tag{4.76}$$

由式(4.73) 可知

$$r_i = a_i + e_i \qquad (i=0,1,\cdots,n-1) \tag{4.77}$$

这时定义校验子多项式为

$$S(x)=\frac{R(x)}{g(x)}=\frac{A(x)+E(x)}{g(x)}=\frac{A(x)}{g(x)}+\frac{E(x)}{g(x)}\equiv\frac{E(x)}{g(x)}\ [\text{模 } g(x)] \tag{4.78}$$

即

$$S(x)=E(x)=R(x)\ [\text{模 } g(x)] \tag{4.79}$$

也就是说，接收码字多项式除以 $g(x)$ 的余式多项式为校验子多项式。如果 $S(x)=0$，表示接收码字无错；如果 $S(x)\neq 0$，表示接收码字有错；(n,k) 循环码的校验子多项式的一般表达式为

$$S(x)=s_{r-1}x^{r-1}+s_{n-2}x^{r-2}+\cdots+s_1x+s_0 \tag{4.80}$$

即校验子多项式 $S(x)$ 为一个 $r-1$ 次多项式。其校验子矢量为

$$[S]=[s_{r-1}\ s_{r-2}\ \cdots\ s_1\ s_0] \tag{4.81}$$

它共有 2^r 个状态，当 $2^r \geqslant n+1$ 时，即可以纠一位错。

4.5.3 译码方法和电路

循环码的编码电路由 $n-k$ 级移位寄存器构成，比较简单，但是循环码的译码电路就相对比较复杂。因此，循环码的译码方法是研究编码理论和编码技术的重要内容。接收端译码的目的是检错和纠错。

译码器的工作过程为：

(1) 由接收码字多项式 $R(x)$ 计算校验子多项式 $S(x)$；

(2) 根据校验子多项式 $S(x)$ 计算错误图样多项式 $E(x)$；

(3) 利用 $R(x)+E(x)=A(x)$ 计算译码器输出的估计值。

由于任一码多项式 $A(x)$ 都应能被生成多项式 $g(x)$ 整除，所以在接收端可以将接收码组 $R(x)$ 用生成多项式去除。当传输中未发生错误时，接收码组和发送码组相同，即 $A(x)=R(x)$，故接收码组 $R(x)$ 必定能被 $g(x)$ 整除。若码组在传输中发生错误，则 $A(x)\neq R(x)$，$R(x)$ 除以 $g(x)$ 时除不尽而有余项，所以可以用余项是否为0来判别码组中有无误码。在接收端采用译码方法来纠错自然比检错更复杂。同样，为了能够纠错，要求每个可纠正的错误图样必须与一个特定余式有一一对应关系，循环码的译码器的复杂性主要取决于由校验子确定错误图样的组合逻辑电路的复杂性，我们以(7,4) 循环码译码过程为例进行说明。

若(7,4) 循环码的生成多项式为 $g(x)=x^3+x+1$，通过前面分析可知，只要接收码字矢量只错一位，译码器总可以正确译码。在构造此译码器的错误图样识别电路时，只要识别一个错误图样，例如 $\boldsymbol{E}_6=[1\ 0\ 0\ 0\ 0\ 0\ 0]$就可以了。这个错误图样对应的校验子矢量为 $\boldsymbol{S}=[1\ 0\ 1]$，由此可以得到一种译码器结构如图 4.15 所示。

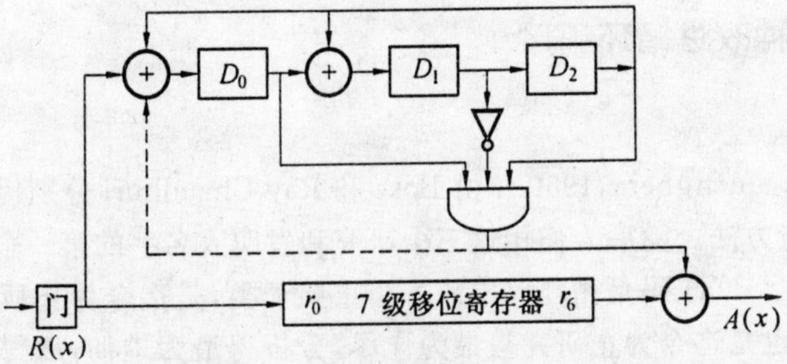

图 4.15　(7,4) 循环码译码器

图 4.15 译码器上面是一个 $g(x)$ 除法电路，下面是一个 7 级移位寄存器作为缓存器，中间的反相器和一个与门组成了[1 0 1] 校验子识别电路。译码过程如下：

(1) 开始译码时门打开，移位寄存器内容位全为 0。收到的码字多项式为

$$R(x) = r_6x^6 + r_5x^5 + \cdots + r_1x + r_0 \tag{4.82}$$

由高次到低次分别输入到 7 级缓存器和除法电路，7 次移位后，缓存器存入整个码字，除法电路 $S(x) = R(x)/g(x)$，$E(x) = x^6$ 得到校验子 $\boldsymbol{S}(x) = [s_2\ s_1\ s_0]$，这时门关上，进行译码。

(2) 如果[1 0 1] 识别电路输出为 1，表明 r_6 为有错。

(3) 这时译码器继续移位，通过[4 1] 识别电路可以将 r_6 位的错误纠正。

(4) 在纠错的同时，[1 0 1] 识别电路的输出又反馈到除法电路的输入端，以消除错误码元对除法电路的下一个校验子计算的影响。

本电路中，第 7 次移位后产生了校验子 S_0，第 8 次移位时对 r_6 进行纠正，同时将[1 0 1] 识别电路的输出的 1 输入到除法电路的输入端，结果使除法电路的寄存器状态为[0 0 0]，消除了 e_6 的影响。下面我们分析利用这个电路能否纠正其他错误图样的接收码字。

(5) 如果 $E(x) = x^5$，表明 $e_5 = 1$ 或 $\boldsymbol{E} = [0\ 1\ 0\ 0\ 0\ 0\ 0]$，这时经过前 7 次移位后得到的校验子多项式为

$$S_0(x) = x^5 \equiv x^2 + x + 1\ [\mathrm{mod}\ g(x)] \tag{4.83}$$

这时除法电路的移位寄存器状态为[1 1 1]，[1 0 1] 识别电路的输出为 0，说明 r_6 正确，不必纠正。

(6) 第 8 次移位后，r_5 移位到缓存器的最右端。同时校验子除法电路的结果，通过电路分析也可以看出

$$S_1(x) = xS_0(x) = xE(x) = x^6 \equiv x^2 + 1\ [\mathrm{mod}\ g(x)] \tag{4.84}$$

产生[4 1] 状态；这时[1 0 1] 识别电路输出 1，对 r_5 进行纠正。可以看到，利用循环码的循环特性，可以简化译码器的复杂性。

4.5.4 几种改进循环码

1. BCH 码

1959 年由 Hocquenghem，1960 年由 Bose 和 Ray-Chaudhuri 分别提出了纠正多个错误的循环码的构造方法。随后人们用这三个研究和发明人名字的第一个字母对此纠错方法命名为 BCH 码。BCH 码是循环码中的一个重要子类，是迄今为止所发现的一类较好的线性纠错码类；也是迄今为止研究得最为详尽，分析得最为透彻，取得成果最多的码类之一。1960 年，Peterson 给出了第一个二进制 BCH 码的译码算法，从而奠定了 BCH 码译码的理论基础。1961 年，格林斯坦(Gorensten) 和齐勒尔(Zierler) 把它推广到多进制 BCH 码的译码。1968 年 Berlekamp 利用迭代算法求错误位置多项式，节省了计算量，大大加快了译码速率，从实际上解决了 BCH 码的译码问题。1969 年，Massey 从线性反馈移位寄存器综合的角度出发，也得到了相同的结论。此后，又出现了新的译码算法如欧几里得(Euclid)、连分式等算法，并给出了许多改进算法。1978 年勃莱哈特(Blahut) 用数字信号处理技术中常用的频谱方法，基于码的 MS 多项式，提出了频域算法。

(1)BCH 码的构造

BCH 码有严格的代数结构，它的生成多项式与最小码距之间有密切的关系，使用者可根据所要求的纠错能力 t，很容易构造 BCH 码。

BCH 码可分为两类，即本原 BCH 码和非本原 BCH 码。它们的主要区别在于本原 BCH 码的多项式 $g(x)$ 中，含有最高次数为 m 的本原多项式，且码长为 $n=2^m-1$；而非本原 BCH 码的多项式 $g(x)$ 中不含有这种本原多项式，且码长 n 是 2^m-1 的一个因子，即码长 n 一定除得尽 2^m-1。

BCH 码的码长 n 与监督位 r、纠错个数 t 之间的关系是：对于任一正整数 m 和 $t(t<m/2)$，必存在一个码长 $n=2^m-1$，监督位 $n-k\leqslant mt$，能纠止所有不大于 t 个随机错误的 BCH 码。若码长 $n=(2^m-1)/i(i>1$，且除得尽 $2^m-1)$，则为非本原 BCH 码。

对于纠正单个错误的本原 BCH 码，就是循环汉明码。例如，(7,4) 汉明码就是以 $g_1(D)=D^3+D+1$ 或 $g_2(D)=D^3+D^2+1$ 生成的 BCH 码。

BCH 码的构成过程是根据 BCH 码的阶数 m 和纠错个数 t，对 $D^{2^m}+1$ 进行因式分解。因式分解通常采用计算机来完成。循环码的生成多项式为

$$g(D)=\mathrm{LCM}[m_1(D),m_3(D),\cdots,m_{2t-1}(D)] \tag{4.85}$$

其中 $m_i(D)$ 为最小多项式；LCM 表示取最小公倍式。

由此构成的循环码为 BCH 码。为了便于应用，表 4.7 列出部分码长 $n\leqslant 63$ 的本原 BCH 码，表 4.8 列出码长不超过 73 的部分非本原 BCH 码。

表 4.7　$n \leqslant 63$ 的本原 BCH 码

n	k	t	$g(D)$	n	k	t	$g(D)$(8 进制)
7	4	1	13	63	51	2	12471
15	11	1	23	63	45	3	1701317
15	7	2	721	63	39	4	166623567
15	5	3	2467	63	36	5	1033500423
31	26	1	45	63	30	6	157464165547
31	21	2	3551	63	24	7	17323260404441
31	16	3	107657	63	18	10	1363026512351725
31	11	5	5423325	63	16	11	6331141367235453
31	6	7	313365047	63	10	13	472622305527250155
63	57	1	103	63	7	15	5231045543503271737

表 4.8　部分非本原 BCH 码

n	k	t	m	$g(D)$(8 进制)
17	9	2	8	727
21	12	2	6	1663
23	12	3	11	5343
33	22	2	10	5145
33	12	4	10	3777
41	21	4	10	6647133
47	24	5	20	43073357
65	53	2	23	10761
65	40	4	12	354300067
73	46	4	12	1717773537

表中多项式的系数用 8 进制数字标出，如 $n=15, m=4, t=1$ 时，23 表示 $(23)_8=(10011)_2$，相应的多项式为 $g(D)=D^4+D+1$。在工程应用中，根据 BCH 码的阶数 m 和纠错个数 t，直接查表确定 BCH 码的生成多项式 $g(D)$。例如构造一个能纠正 3 个错误，码长为 15 的 BCH 码，由表 4.7 可知

$$g(D)=(2467)_8=(10100110111)_2=D^{10}+D^8+D^5+D^4+D^2+D+1 \tag{4.86}$$

这是一个(15,5)BCH 码。

表 4.8 中的(23,12)码是一个特殊的非本原 BCH 码，称为戈雷(Golay)码，该码码距为7，能纠正3个随机错误，是一个可纠正多个错误的完备码。其校正子与误码不超过 t 个的所有错误图样一一对应，监督码元得到最充分的利用。

BCH 码的码长为奇数，在实际使用中，为了得到偶数码长，并增加其检错性能，可以在 BCH 码生成多项式中乘上一个 $D+1$ 因式，从而得到 $(n+1,k)$ 扩展 BCH 码，其码长为偶数。扩展的 BCH 码已不再具有循环性。例如(23,12)戈雷码的扩展码为(24,12)扩展

戈雷码，能纠正 3 个错误，同时发现 4 个错误。

(2)BCH 码的译码

译码问题是纠错技术中最为重要、最实质的内容。译码器的运算速度、译码错误概率的大小和译码器的复杂性及其成本是决定译码器的实现和实用的关键。在纠错码中，如何用最少的元件实现最高的译码速率是译码器实现的难点。

常用的 BCH 译码算法有 Peterson 算法、Berlekamp 迭代算法、BM 迭代算法、Euclid 算法、改进的 Euclid 算法等。

按 Peterson 的算法求错位位置多项式 $\sigma(x)$，其计算量与系数矩阵阶数的三次方成正比。这样，当码长较长、纠错能力 t 较大时，计算量将是非常大的，特别是用硬件实现时该算法所需的乘法器相当多。不计算各乘法器的延时，仅译码器中乘法器的体积及其占用的资源就无法容忍。另外，Peterson 算法还有一个很大的缺点，就是当实际产生的错误个数 γ 小于(10,6)RS 码的纠错能力 t 时，求 $\sigma(x)$ 的计算量不但未减少，反而增加；且 γ 越小，计算量越大。这与实际工程是不相适的，所以，对于速度高、纠错数 t 较大的译码器，此算法不合适。Peterson 算法对纠错能力 t 较小的码是合适的。

Berlekamp 迭代算法从工程上解决了译码问题。它与 Berlekamp－Massey(又称 BM 综合算法)迭代算法本质上是一致的，它们的迭代公式也基本相同，两者都可以用软件或硬件实现。BM 算法是用最短线性反馈移位寄存器综合实现迭代算法。它的迭代过程与 Berlekamp 迭代算法相同，只有一次求逆运算。Berlekamp 迭代算法和 BM 迭代算法的控制逻辑都比较简单。用硬件实现这两种迭代算法的复杂程度相当。

与迭代译码算法一样，Euclid 算法和改进的 Euclid 算法都是最大似然译码算法。Euclid 算法流程图相对来说不复杂，便于软件实现，且可以同时得到错误位置多项式 $\sigma(x)$ 和错误值多项式 $\omega(x)$。但该算法求逆多，且需记录大量的中间结果，所以译码速度较迭代译码速度慢。改进的 Euclid 算法由于采用最大公因数(GCD)保值变换方法求两个多项式的 GCD，从而避免了 Euclid 算法中大量的求逆运算，这不仅使译码设备得以简化，而且使译码速度大大提高。

BCH 码译码算法一般可以分成以下几步：

(1) 求伴随多项式 $S(x)$。

(2) 用 Berlekamp 迭代算法或 BM 迭代算法或 Eculid 算法求错误位置多项式 $\sigma(x)$ 和 $\omega(x)$。

(3) 用 Chien 搜索方法求出 $\sigma(x)$ 的根，得出错误位置数。

(4) 求出错误值 Y_i，进而求出错误图样 $E(x)$。对于二进制 BCH 码，这一步可以省略，其错误值是原码元的取反。

(5) $A(x)=R(x)+E(x)$ 得到译码输出。

2. RS 码

RS 码是 BCH 码的一种，是多进制的 BCH 码。

RS 码是实际应用中很重要的一类线性分组码，具有超群的纠随机错误和突发错误的能力。由于大规模和超大规模集成电路(VLSI) 技术、通信技术和计算机技术的发展，使差错控制码的编 / 译码器的单片芯片实现成为可能，并且速率越来越高，使其实际应用越来越广泛。近年来，这种码在空间、扩频、数据通信系统、计算机及光盘系统中得到了广泛的应用。级连 RS/ 卷积码的编码系统被欧洲空间局(European Space Agency) 和喷气推进实验室(Jet Propulsion Laboratory) 在深空下行链路中采用。1987 年以(2,1,6) 卷积码为内码、(255,223)RS 码作为外码的串行级连码(SCC) 被空间数据系统咨询委员会(CCSDS) 推荐为遥测信道的标准编码结构。RS 码也是光存储中的标准用码。因此，RS 码的编译码算法一直是国际通信技术所关注的问题。

1960 年，RS 码由 Reed 和 Solomon 发现时，并没有受到人们的重视，原因是还没有一种合适的算法可对 RS 码进行译码。自 1968 年 Berlekamp 代数迭代算法发表后，解决了译码过程中的错误位置多项式的求解问题。从此，人们对 RS 码的研究活跃了起来。

在 Berlekamp 代数迭代算法发表的同时，Massey 从线性反馈移位寄存器综合的观点出发得到相同的结论(称为 BM 算法)。Berlekamp 迭代算法和 BM 算法是一种通用的计算 BCH 码错误位置多项式的迭代算法，该算法对任何域、任何码长的 BCH 码均适用。应用 Berlekamp 迭代算法和 BM 迭代算法的 RS 码译码过程包括计算伴随多项式 $S(x)$、用迭代算法计算错误位置多项式 $\sigma(x)$、计算错误位置和错误值、计算估计码字 $C(x)$ 四部分。

Berlekamp 和 BM 迭代算法不但可以在时域实现，而且可以在频域实现。时域和频域实现的共同点是错位位置多项式的实现相同，不同的是在错误位置多项式的使用上。在时域实现方式中，用迭代算法求得错误位置多项式后，用 Chien 搜索算法获得错误位置，也即是错误位置多项式的根，然后用 Foney 算法等计算错误值；在频域实现方式中，获得错误位置多项式后，用递推扩展算法计算剩余变换差错值，最后用逆傅氏变换(IDFT) 计算错误值。由于频域译码可以利用有限域中的快速傅氏变换(FFT)，速度可以大大地提高。

在迭代算法中，其中需要计算有限域元素的逆，求逆的方法可以采用查表的方式、纯组合逻辑等方式来实现，但是对于域元素较多的有限域(如 $GF(2^8)$)，用这些方式需要占用很大的资源，同时也影响运算速率。一些作者在这方面进行了研究，I. S. Reed 提出了一个改进的时域 BM 迭代算法，该算法不需要求逆运算。Y. R. Shayan 从 Blahut 提出的时域 BM 迭代方程出发，通过数学推导得到一组等价的方程，与 Blahut 的迭代方程相比减少一个求逆运算，从而减少硬件实现的复杂性。

Euclid 算法是 RS 码译码算法中另一种重要的用来计算错误位置多项式的算法，是目前 RS 译码器的 VLSI 实现中常采用的算法之一，该算法的实质是利用求解多项式的最大公因数来获得错误位置多项式及错误值。但是 Euclid 译码算法求逆运算多，需要记录的中间结果也多，因此，其译码速度较 Berlekamp 和 BM 迭代算法速度慢。后来提出了 Euclid 改进算法，该改进算法避免了大量的求逆运算（仅有一次求逆），使其译码速度比常规的 Euclid 算法高。不少文献介绍了用改进的 Euclid 算法实现的译码器。

除了上面列举的一些 RS 译码算法外，还有很多其他的译码算法。例如，A. Vardy 提出用二元 BCH 码来译多进制的 RS 码，它设 RS(N,K) 在域 $GF(2^m)$ 上，二元码的设计距离 $d \geqslant N-K+1$，该作者认为可以把 RS(N,K) 码看成由二元码 $B(n,k)$ 码交错而得到。$B(n,k)$ 码的生成矩阵由 RS(N,K) 的生成矩阵变换为二元矩阵获得，然后用二元译码方法的软判决译码对 $B(n,k)$ 码进行译码，最后通过映射得到 RS(N,K) 码的译码结果。目前这种译码方法仅适用于短码。它的重要意义是实现 RS 码的软判决译码。还有，对于一些特殊情况的 RS 码会有些简化的译码算法，例如，对于纠两个符号错误的 RS 码，有一种以解有限域二次方程为基础的简化算法，它与常规的译码算法相比，该方法提高了译码速度并简化了译码器的结构。

上述概括了一些 RS 码译码算法，但采用较多的还是适用于各种 RS 码的译码算法，例如，迭代算法和改进的 Euclid 算法。

3. CRC 码

循环冗余校验码，简称 CRC 码，是常用的检错码。循环码特别适合于检测错误，因为它有很强的检测能力，并且编码器及错误检测电路都很容易实现。CRC 码能够检测出的错误包括：

(1) 突发长度 $\leqslant n-k$ 的突发错误；

(2) 大部分突发长度 $=n-k+1$ 的错误，其中不可检测的这类错误只占 $2^{-(n-k-1)}$；

(3) 大部分突发长度 $>n-k+1$ 的错误，不可检测的这类错误只占 $2^{-(n-k)}$；

(4) 所有与许用码组码距 $\leqslant d_{\min}-1$ 的错误；

(5) 所有奇数个错误。

CRC 码在数据通信中得到广泛应用。表 4.9 中列出已成为国际标准的四种 CRC 码，其中 CRC－12 用于字符长度为 6 比特情形，CRC－16，CRC－CCITT 和 CRC－32 则用于 8 比特字符。卫星上行注入数据采用了 CRC－CCITT 的生成多项式进行检错。

表 4.9　常用的 CRC 码

名称	生成多项式
CRC－12	$D^{12}+D^{11}+D^3+D^2+D+1$
CRC－16	$D^{16}+D^{15}+D^2+1$
CRC－CCITT	$D^{16}+D^{12}+D^5+1$
CRC－32	$D^{32}+D^{26}+D^{23}+D^{22}+D^{16}+D^{12}+D^{11}+D^{10}+D^8+D^7+D^5+D^4+D^2+D+1$

实现循环码的检错方法非常简单，在发送端发送的任一码组多项式都能被生成多项

式 $g(D)$ 整除。在接收端，将接收码组 $B(D)$ 除原生成多项式 $g(D)$，所得余式为 $r'(D)$，若 $r'(D)=0$，则接收码组正确；若 $r'(D)\neq 0$，则接收码组有错，但不能确定哪位码元出错。根据此方法构成的译码器如图 4.16 所示。图中译码器发现错误后，可给出错误指示，并禁止移位寄存器输出。

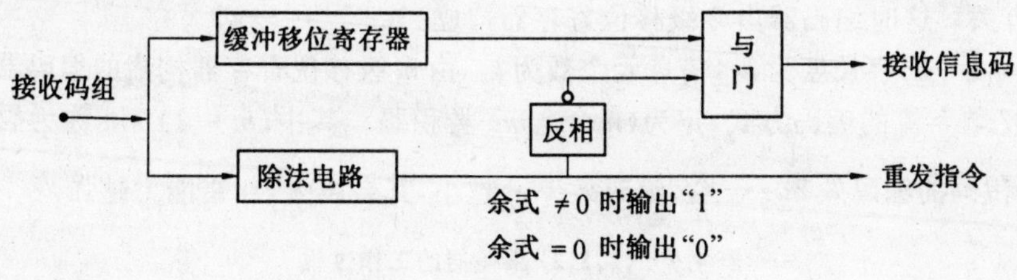

图 4.16　CRC 码译码器

4.6 卷　积　码

卷积码是 1955 年由 Elias 提出的。卷积码的编码过程中，当前码字的监督元不仅与本码字的信息元有关，而且与前 m 个码字的信息元有关。同样，在卷积码译码过程中，不仅从此时刻收到的码组中提取译码信息，而且还要利用以前或以后各时刻收到的码组中提取有关信息。因此卷积码的编码器是一个有记忆的时序电路。

卷积码由于更充分地利用码字之间的相关性，可以减少码字长度，简化编译码电路，并得到较好的差错控制性能，因此卷积码在通信领域，特别是卫星通信、空间通信领域得到广泛的应用。

4.6.1　卷积码的基本原理

1. 基本概念

通过一个例子说明卷积码的一些基本概念。图 4.17 给出了一个(2,1,2)卷积码编码器的原理图，它由移位寄存器、模 2 加法器及开关电路组成。

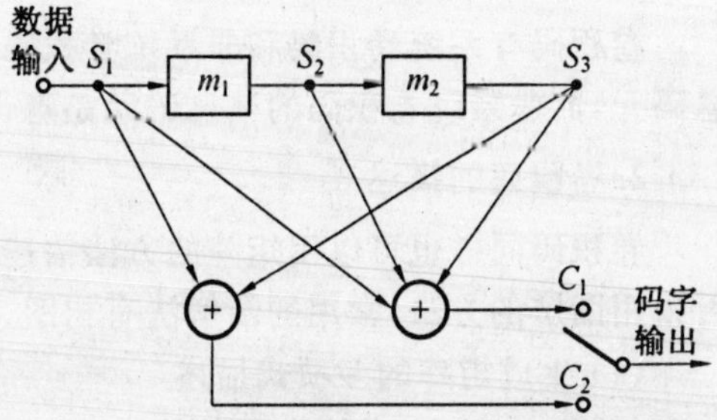

图 4.17　卷积码(2,1,2)编码器

开始，各级移位寄存器清零，即 $S_1S_2S_3$ 为 000。某时刻，当开始输入信息码字，S_1 等于当前输入数据，而移位寄存器状态 S_2S_3 存储以前的数据，输出码字 C 由下式确定

$$\begin{cases} C_1 = S_1 \oplus S_2 \oplus S_3 \\ C_2 = S_1 \oplus S_3 \end{cases} \tag{4.87}$$

当输入数据 $D=[1 \quad 1 \quad 0 \quad 1 \quad 0]$ 时，输出码字可以计算出来，具体计算过程如表4.7所示。可见，卷积码当前输出的码字的监督元不仅与当前输入的信息元有关而且还与前2个码元有关。这时编码器由2级移位寄存器构成。

定义4.5 码字长度为 n_0，信息元个数为 k_0，由 m 级移位寄存器构成的编码器产生的一种有记忆数字流的编码方式，记为 (n_0, k_0, m) 卷积码。其中 $(m+1) \cdot n$ 称为码元约束长度。卷积码的编码效率 $\eta = \frac{k}{n}$，编码效率 η 越小，冗余越大，纠错能力越强。

表4.7 (2,1,2)编码器的工作过程

S_1	1	1	0	1	0	0	0	0
S_3S_2	00	01	11	4	01	4	00	00
C_1C_2	11	01	01	00	4	11	00	00
状态	a	b	d	c	b	c	a	a

对于实时通信系统来说，就要提高传输速率，这需要更宽的带宽，而译码的复杂性也会增大。对误码率要求很高的系统可以选用较小的编码效率，但是，也不是越小越好。研究表明，对于固定的约束长度，编码效率从1/2降低到1/3，编码增益增大约0.4 db；同时，译码器的复杂性增加约17%。当编码效率进一步降低时，与译码器复杂性相联系的性能改善迅速消失，最后到达一个临界点，如果再降低编码效率，编码增益就会减小。

卷积码的编码器的一般形式如图4.18所示。

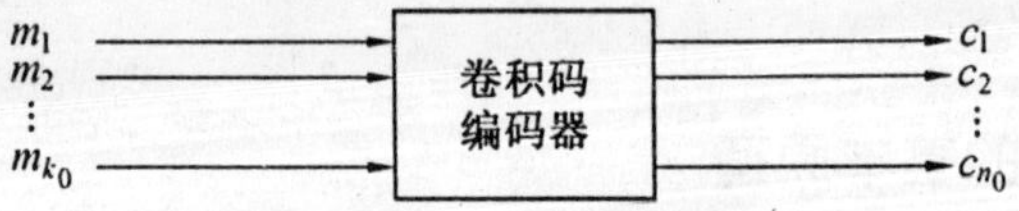

图4.18 卷积码编码器

卷积码有系统卷积码和非系统卷积码之分。系统卷积码的码字中明显包含着 k 位信息码元，而非系统卷积码的信息码元是隐含在码字中的。

2. 卷积码的描述

卷积码同样也可以用矩阵的方法描述，但较抽象，为了更加直观描述其编码过程，也可采用图解的方法，常用的图解法有树图、状态图和格图。

(1) 生成矩阵的多项式描述

例如，(3,1,2)系统卷积码其编码电路如图4.19所示。

编码器的三个输出支路可以写成三个生成多项式

$$g(1)(x) = 1 \tag{4.88}$$

$$g(2)(x) = 1 + x \tag{4.89}$$

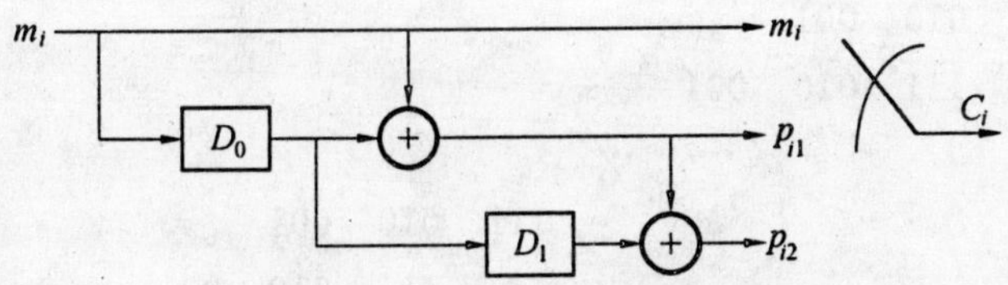

图 4.19　(3,1,2) 卷积码编码电路

$$g(3)(x)=1+x^2 \tag{4.90}$$

一个 (n_0,k_0,m) 卷积码的支路生成多项式的一般形式为

$$g(1)(x)=g_0(1)+g_1(1)x+\cdots+g_m(1)x^m$$
$$g(2)(x)=g_0(2)+g_1(2)x+\cdots+g_m(2)x^m$$
$$\vdots$$
$$g(n_0)(x)=g_0(n_0)+g_1(n_0)x+\cdots+g_m(n_0)x^m$$

如果用向量表示支路的生成多项式为

$$g(i)=[\,g_0(i)\ g_1(i)\ g_2(i)\ \cdots\ g_m(i)\,] \tag{4.91}$$

这时,卷积码的基本生成矩阵为

$$[g]=[g_0\ g_1\ \cdots\ g_m]=$$
$$[g_0(1)\ g_0(2)\ \cdots\ g_0(n_0)\ g_1(1)\ g_1(2)\ \cdots\ g_1(n_0)\ \cdots\ g_m(1)\ g_m(2)\ \cdots\ g_m(n_0)]$$

其中

$$g_0=[g_0(1)\ g_0(2)\ \cdots\ g_0(n_0)]$$
$$g_1=[g_1(1)\ g_1(2)\ \cdots\ g_1(n_0)]$$
$$\vdots$$
$$g_m=[g_m(1)\ g_m(2)\ \cdots\ g_m(n_0)]$$

由这个基本生成矩阵可以得到卷积码的生成矩阵。

例如:(3,1,2) 系统卷积码的生成矩阵为

$$g(1)=[\,g_0(1)\ g_1(1)\ g_2(1)\,]=[1\ 0\ 0]$$
$$g(2)=[\,g_0(2)\ g_1(2)\ g_2(2)\,]=[1\ 1\ 0]$$
$$g(3)=[\,g_0(3)\ g_1(3)\ g_2(3)\,]=[1\ 0\ 1]$$
$$g_0=[1\ 1\ 1]$$
$$g_1=[0\ 1\ 0]$$
$$g_2=[0\ 0\ 1]$$

$$
\boldsymbol{G}=\begin{bmatrix}
111 & 010 & 001 & & & & & \\
 & 111 & 010 & 001 & & & & \\
 & & \cdots & \cdots & & & & \\
 & & & 111 & 010 & 001 & & \\
 & & & & 111 & 010 & 001 & \\
 & & & & & & \cdots & \cdots
\end{bmatrix}
$$

(2) 树图描述

树图描述的是在任何数据序列输入时，码字所有可能的输出。对应于图 4.17 所示的 (2,1,2) 卷积码的编码电路，可以画出其树图如图 4.20 所示。

以 $S_1S_2S_3=000$ 作为起点，用 a,b,c 和 d 表示出 S_3S_2 的 4 种可能状态：00，01，10 和 11。若第一位数据 $S_1=0$，输出 $C_1C_2=00$，从起点通过上支路到达状态 a，即 $S_3S_2=00$；若 $S_1=1$，输出 $C_1C_2=11$，从起点通过下支路到达状态 b，即 $S_3S_2=01$，以此类推，可得整个树图。输入不同的信息序列，编码器就走不同的路径，输出不同的码序列。例如，当输入数据为[1 1 0 1 0] 时，其路径如图 4.20 中虚线所示，并得到输出码序列为[1 1 0 1 0 1 0 0…]，与表 4.7 的结果一致。

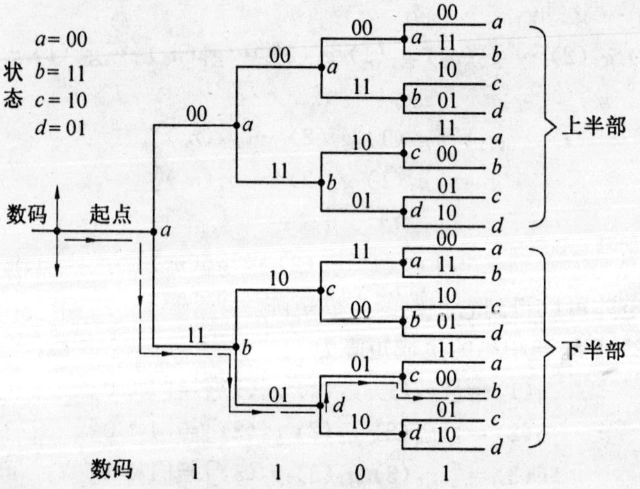

图 4.20 (2,1,2) 码的树图

(3) 状态图描述

卷积码的编码器是一个时序网络，其工作过程可以用一个状态图来描述。编码器的状态由它的移位寄存器的内容确定。

例如(2,1,3) 非系统卷积码，有 k_0 个信息位，m 位移位寄存器，共有 $2^m=2^3=8$ 个不同状态。其状态可以表示为：$S_i=[D_3\ D_2\ D_1]$，分别为 $S_0=[0\ 0\ 0]$，$S_1=[0\ 0\ 1]$，$S_2=[0\ 1\ 0]$，…，$S_7=[1\ 1\ 1]$。根据(2,1,3) 卷积码的生成多项式或生成矩阵，可以确定它的

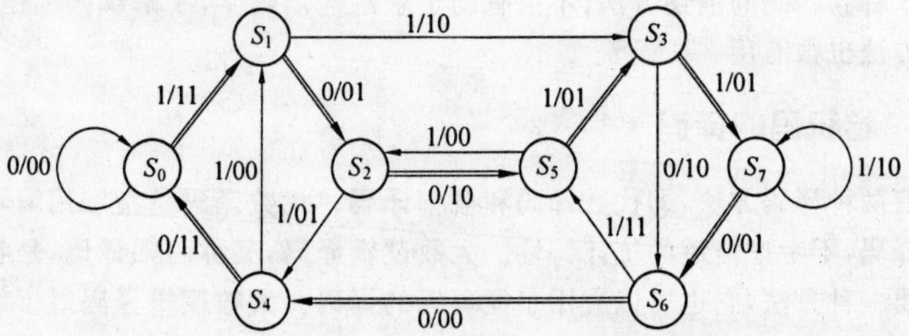

图 4.21　(2,1,3) 非系统卷积码状态图

唯一的状态图如图 4.21 所示。其中状态转移线上的数字表示，某一时刻编码器输入某一信息位后，编码器输出的码元序列。例如:1/4 表示编码器输入为 1 时，输出为 10。

如果编码器输入为 $m=[1\ 0\ 1\ 1\ 1]$，则输出为$[C]=[11\ 01\ 00\ 01\ 01\ 01\ 00\ 11]$，与上一节中例子相同。$M$ 序列后面补三个 0，这时编码器状态变化路径为

$$S_0—S_1—S_2—S_5—S_3—S_7—S_6—S_4—S_0$$

(4) 格图

格图也称网格图或篱笆图，它由状态图在时间上展开而得到，如图 4.22 画出了(3,1,2) 非系统卷积码的格图，这里只画出信息序列长度 $L=5$。图中画出了所有可能的数据输入时，状态转移的全部可能轨迹，实线表示数据为 0，虚线表示数据为 1，线旁数字为输出码字，节点表示状态。卷积码的格图是将编码器的状态图按时间展开形式。

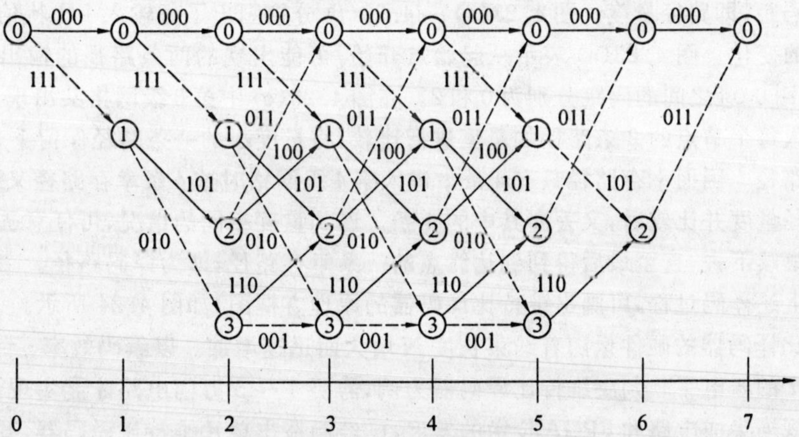

图 4.22　(3,1,2) 非系统卷积码的格图

说明：

对于 $L=5$ 的格图，图中含有 $L+m+1$ 级。格子 0 到格子 $L+m$，本例中 $L=5$，$m=2$，$L+m=7$，为 0 ～ 7 级。

以上的 3 种卷积码的描述方法，不但有助于求解输出码字，了解编码工作过程，而且对研究译码方法也很有用。

4.6.2 卷积码的译码

卷积码有两种译码方法，即代数译码和概率译码。代数译码是指利用编码本身的代数结构进行译码，不考虑信道的统计特性。大数逻辑译码，又称门限译码，是卷积码代数译码的最主要一种方法，它也可以应用于循环码的译码。大数逻辑译码对于约束长度较短的卷积码最为有效，而且设备较简单。概率译码，又称最大似然译码，它基于信道的统计特性和卷积码的特点进行计算。针对无记忆信道提出的序贯译码就是概率译码方法之一。另一种概率译码方法是维特比算法，当码的约束长度较短时，它比序贯译码算法的效率更高、速度更快，目前得到广泛的应用。

下面简要讨论维特比译码方法。维特比译码的基本思路是，把接收码字与所有可能的码字比较，选择一种码距最小的码字作为译码输出。由于接收序列通常很长，维特比译码对最大似然译码作了简化，即它把接收码字分段处理，每接收一段码字，计算、比较一次，保留码距最小的路径，直至译完整个序列。

现以(2,1,3) 卷积码为例说明维特比译码的具体过程。设发端的信息数据 $D=[0\,0\,0\,0\,0\,0]$，有编码器输出的码字 $C=[0\,0\,0\,0\,0\,0\,0\,0\,0\,0\,0\,0]$，接收端收到的码字序列 $y=[0\,0\,\underline{1}\,0\,0\,\underline{1}\,0\,0\,0\,0\,0\,0]$，有 2 位码元差错。下面参照图 4.23 的网格图说明译码过程。

图中 y 表示收到的码字，圆圈中的数字代表从起始点到某节点的路径与接收码字之间的累计码距，即路径量度。图 4.23(a) ～ 4.23(f) 分别画出了每输入 1 比特信息时网格图中路径的变化。图 4.23(a) 表示从起始点开始，可能出现的两条路径的输出比特与接收相应码字[0 0]之间的码距分别为 0 和 2。在图 4.23(c) 中第 3 级网格共出现 8 条支路，这时对进入每个节点的 2 条路径的量度进行比较，将量度小的一条路径保留下来，而丢弃量度大的路径。因而幸存路径只有 4 条。进入第 4 级网格时这 4 条幸存路径又延伸 8 条，经计算路径量度并比较后，又丢弃其中的 4 条。遇到量度相同的情况，可任意丢弃一条路径。如此继续下去，直至最后得到到达终点的一条幸存路径，即为译码路径。

根据上述译码过程，可画出维特比译码器的原理方框图，如图 4.24 所示。

维特比译码器的硬件量随着约束长度 N 增大而迅速增加。以编码效率 $\eta=1/2$、约束长度 $N=7$ 的 8 电平软判决维特比译码器为例，需要 4 ～ 5 万门电路才能实现。近年来，随着超大规模集成电路和FPGA技术的发展，已经制造出单片维特比译码器，开始广泛应用于卫星通信中。

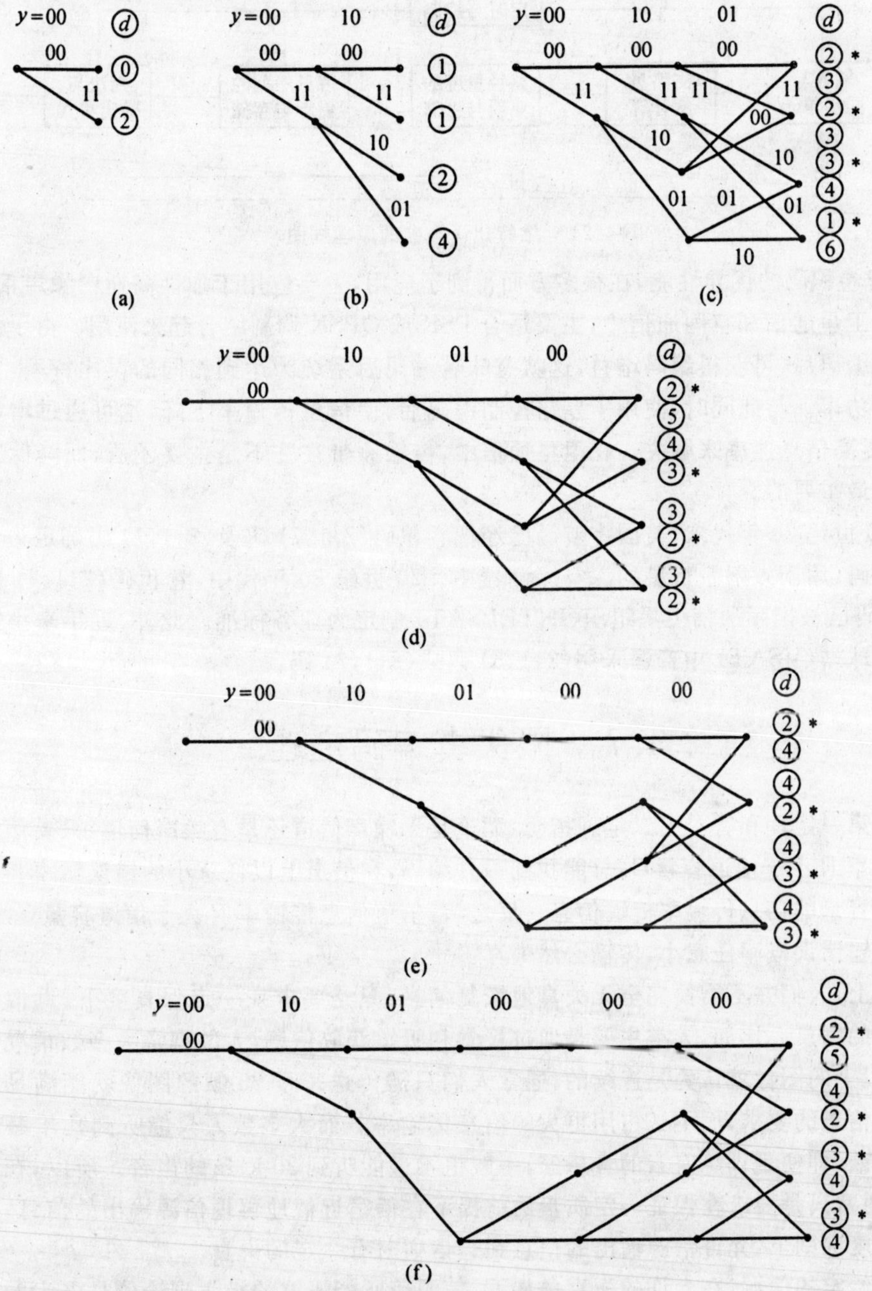

图 4.23　维特比译码网格图

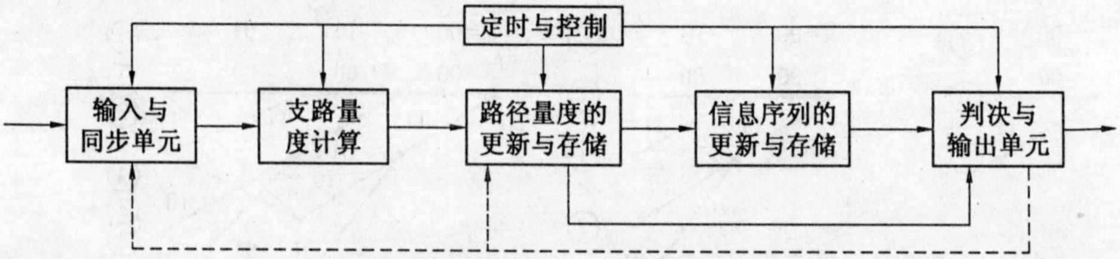

图 4.24 维特比译码器的原理框图

由于卷积码的优异性能，在很多方面得到了应用，主要应用于加性高斯白噪声信道，特别是在卫星通信和空间通信中，主要适合 PSK 或 QPSK 调制结合起来使用。由于使用差错控制编码后，可获得编码增益，这就意味着编码后系统为达到相同的误比特率，可以节省发射功率。与此同时，使用了差错控制编码后，使信息传输率下降，这可通过增加传输频带，提高信息速率来解决。在卫星通信中，传输频带往往不是主要矛盾，而降低发射功率则是最重要的。

在 20 世纪 70 年代末，美国宇航局已经把卷积码(2,1,7) 码及(3,1,7) 码确定为人造卫星标准码，用于太阳系行星的深空探测器中。20 世纪 80 年代中，卷积码(2,1,7) 码及(4,3,2) 码已被国际通信卫星组织(INTELSAT) 制定为业务标准。此外，近年来小型卫星通信地球站(VSAT) 中普遍采用(2,1,6) 码或(2,1,7) 码。

4.7 限失真编码定理

香农第一定理和香农第二定理指明：无论是无噪声信道还是有噪声信道，只要信道的信息传输率 R 小于信道容量 C，总能找到一种编码，在信道上以任意小的错误概率和任意接近信道容量的信息传输率传输信息。反之，若信道信息传输率 R 大于信道容量 C，一定不能使传输错误概率任意小，传输必然失真。

实际上，人们并不需要完全无失真地恢复信息，只是要求在一定保真度下，近似恢复信源输出的信息。比如，人类主要是通过视觉和听觉获取信息，人的视觉大多数情况下对于 25 帧以上的图像就认为是连续的，通常人们只需传送每秒 25 帧的图像就能满足通过视觉感知信息的要求，而不必占用更大的信息传输率。而大多数人只能听到几千赫兹到十几千赫兹，即便是训练有素的音乐家，一般也不过能听到 20 kHz 的声音。所以，在实际生活中，通常只是要求在保证一定质量的前提下在信宿近似地再现信源输出的信息，或者说在保真度准则下，允许信源输出的信息到达信宿时有一定的失真。

对于给定的信源，在允许的失真条件下，信源熵所能压缩的极限理论值是多少？香农的重要论文“保真度准则下的离散信源编码定理”论述了在限定范围内的信源编码定理。限失真信源编码的信息率失真理论是信号量化、模数转换、频带压缩和数据压缩的理论基础，在图像处理、数字通信等领域得到广泛的应用。

信道产生的失真 $d(x_n, y_m)$ 是指：当信道输入为 x_n 时，输出得到的是 y_m，其差异或损失，称为译码失真，可描述为

$$d(x_n, y_m) = \begin{cases} 0 & (x_n = y_m) \\ a > 0 & (x_n \neq y_m) \end{cases} \tag{4.92}$$

而平均译码失真则是

$$\bar{d} = \sum_{n=1}^{N} \sum_{m=1}^{M} p(x_n) p(y_m \mid x_n) d(x_n, y_m) \tag{4.93}$$

如果要求平均译码失真小于某个给定值 D，即

$$\bar{d} = \sum_{n=1}^{N} \sum_{m=1}^{M} p(x_n) p(y_m \mid x_n) d(x_n, y_m) \leqslant D \tag{4.94}$$

也就是对 $P(Y \mid X)$ 施加一定的限制。把满足上式的那些 $P(Y \mid X)$ 记为 P_D，在集合 P_D 中寻找一个 $P(Y \mid X)$ 使 $I(Y \mid X)$ 极小，把这个极小值称为在 $\bar{d} \leqslant D$ 的条件下所必须传送的信息速率，并记为 $R(D)$，即

$$R(D) = \min_{P(Y|X) \in P_D} I(X;Y) \tag{4.95}$$

称 $R(D)$ 为信息率失真函数，它表示信息率与失真量之间的关系。

式(4.95)表明，在集合 P_D 中，任意一个 $I(Y \mid X)$ 值所对应的平均失真都小于或等于 D。也就是说，在集合 P_D 内，只要 $I(Y \mid X) \geqslant R(D)$，就可以达到 $\bar{d} \leqslant D$；但是如果 $I(Y \mid X) < R(D)$，就意味着 $P(Y \mid X)$ 不在集合 P_D 内，因而不能满足 $\bar{d} \leqslant D$。

定理 4.3（离散无记忆信源的限失真编码定理）　设 $R(D)$ 是某离散无记忆信源的信息率失真函数，只要满足信息率 $R > R(D)$，对于任意小的 $\varepsilon > 0$，允许失真值 $D \geqslant 0$，以及任意足够长的码字长度 N，则一定存在一种编码方法，使其平均译码失真 $\bar{d} \leqslant D + \varepsilon$；反之，若 $R < R(D)$，则无论采用什么样的编码方法，都不可能使译码的失真小于或等于 $D + \varepsilon$。

离散无记忆信源的限失真编码定理也称为香农第三编码定理，它表明：在允许失真值 D 给定后，总存在一种编码方法，使编码后的信源输出信息率 R 大于 $R(D)$，但可任意地接近于 $R(D)$，而平均失真 $\bar{d}$ 小于或无限接近于允许失真值 D；反之，若 $R > R(D)$，则编码后的平均失真 $\bar{d}$ 将大于 D。

如果用二进制码符号来进行编码，那么在允许失真为 D 的情况下，平均每个信源符号所需二进制码符号数的下限值在数量上等于 $R(D)$。在不允许失真的情况下，平均每个信源符号所需二进制码符号数的下限值在数量上等于 $H(S)$。一般情况下，有 $R(D) < H(S)$，因此，在满足保真度准则 $\bar{d} \leqslant D$ 的条件下，信源所需输出数据就可以达到压缩。

信息传输的目标是高效率、高质量地传输信息，而高效率和高质量又常常相矛盾。本

章分析的几个编码定理表明：通过适当的编码可以把高效率（传输信息的速率无限接近于信道容量）和高质量（传输信息的差错无限接近于零或者失真低于规定的允许值）完美地结合起来。

习　题

4.1　简答题

(1) 在通信系统中，采用差错控制的目的是什么？

(2) 什么是随机信道？什么是突发信道？什么是混合信道？

(3) 常用的差错控制方法有哪些？

(4) 什么是分组码？其结构特点如何？

(5) 码的最小码距与其检、纠错能力有何关系？

(6) 什么是奇偶监督码？其检错能力如何？

(7) 什么是线性码？它具有哪些重要性质？

(8) 什么是循环码？循环码的生成多项式如何确定？

(9) 什么是系统分组码？试举例说明。

(10) 什么是缩短循环码？它有何优点？

(11) 什么是卷积码？什么是卷积码的码树图、网格图和状态图？

4.2　已知码集合中有 8 个码组为(000000)，(00114)，(0441)，(01411)，(40011)，(4141)，(1414)，(11400)，求该码集合的最小码距。给出的码组若用于检错，能检出几位错码？若用于纠错，能纠正几位错码？若同时用于检错与纠错，问纠错、检错的性能如何？

4.3　已知两码组为(0000)，(1111)。若用于检错能检出几位错码？若用于纠错，能纠正几位错码？若同时用于检错与纠错，问各能纠、检几位错码？

4.4　已知(7,3)码的生成矩阵为 $\boldsymbol{G}=\begin{bmatrix}1&0&0&1&1&1&0\\0&1&0&0&1&1&1\\0&0&1&1&1&0&1\end{bmatrix}$，列出所有许用码组并求监督矩阵。

4.5　(15,7)循环码由 $g(x)=x^8+x^7+x^6+x^4+1$ 生成，试问接收码组 $T(x)=x^{14}+x^5+x+1$ 经过只有检错功能的译码器后，收端是否要求重发？

4.6　已知某线性码监督矩阵为 $\boldsymbol{H}=\begin{bmatrix}1&1&1&0&1&0&0\\1&1&0&1&0&1&0\\1&0&1&1&0&0&1\end{bmatrix}$，列出所有许用码组。

4.7　已知(15,11)汉明码的生成多项式为 $g(x)=x^4+x^3+1$，试求其生成矩阵和监督矩阵。

4.8　已知(7,3) 循环码的监督关系式为$\begin{cases} x_6 \oplus x_3 \oplus x_2 \oplus x_1 = 0 \\ x_5 \oplus x_2 \oplus x_1 \oplus x_0 = 0 \\ x_6 \oplus x_5 \oplus x_1 = 0 \\ x_5 \oplus x_4 \oplus x_0 = 0 \end{cases}$,试求该循环码的监督矩阵和生成矩阵。

4.9　证明 $x^{10} + x^8 + x^5 + x^4 + x^2 + x + 1$ 为(15,5) 循环码的生成多项式。求出该码的生成矩阵,并写出消息码为 $m(x) = x^4 + x + 1$ 时的码字。

4.10　已知(7,4) 循环码的全部码组为

0000000	40041
000411	40114
00414	44011
001141	41400
040111	14004
04140	14401
014001	11440
01144	1111111

试写出该循环码的生成多项式 $g(x)$ 和生成矩阵 $\boldsymbol{G}(x)$,并将 $\boldsymbol{G}(x)$ 化成典型阵。

4.11　已知 $k=1, n=2, N=4$ 的卷积码;其基本生成矩阵为 $\boldsymbol{g} = [1\,1\,0\,1\,0\,0\,0\,1]$。试求该卷积码的生成矩阵 $\boldsymbol{G}$ 和监督矩阵 $\boldsymbol{H}$。

4.12　已知(2,1,3) 卷积码编码器的输出与 m_1, m_2 和 m_3 的关系为

$$y_1 = m_1 + m_2$$

$$y_2 = m_2 + m_3$$

试确定:

(1) 编码器电路;

(2) 卷积码的码树图、状态图及网格图。

4.13　已知一卷积码的参量为:$N=4, n=3, k=1$,其基本生成矩阵为 $\boldsymbol{g} = [1\,1\,4\,0\,4\,4\,0\,1\,1]$。试求该卷积码的生成矩阵 $\boldsymbol{G}$,并写出输入码为(401…) 时的输出码。

第 5 章

接近香农极限的编码

1948 年，现代数字通信的奠基人香农在信道编码定理中指出，只要随机编码的码长足够大，就可以进行无限逼近信道容量 C 的通信并使错误概率任意小。他证明：对于平稳离散无记忆有噪声信道，如果数据源的速率 R 低于信道容量 C 时，则一定存在一种编码方法，使当平均码字长度足够长时，用最大似然译码可达到任意小的错误概率。但是传统的编码都有规则的代数结构，远远谈不上“随机”；同时，出于译码复杂度的考虑，码长也不可能太长。所以传统的信道编码性能与信道容量之间都有较大的差距。自香农之后，人们不懈地向逼近信道容量的方向努力。纠错编码理论的发展正是沿着这两条基本路线：一是构造长码；另一是在人们所能接受的范围内，如何实现最大似然译码。本章主要研究两类接近香农极限的编码——Turbo 码和低密度校验码。首先分别介绍这两种码的编码原理，然后介绍两种码的解码方法，最后在解码的基础上给出性能分析。

5.1 Turbo 码

1993 年 Turbo 码的提出被看做信道编码理论研究的重要里程碑。Berrou 等人将卷积码和随机交织器相结合，同时采用软输出迭代译码来逼近最大似然译码，取得了超乎寻常的优异性能，并一举超越了截止速率，直接逼近香农提出的信道容量限。Turbo码成功的根本原因在于其实现方案中长码构造的伪随机性是核心，它通过随机交织器对信息序列的伪随机置换实现了随机编码的思想，从而为香农随机编码理论的应用研究奠定了基础。

Turbo 码，又称为并行级联卷积码，它巧妙地将卷积码和随机交织器结合在一起，实现了随机编码的思想，同时，采用软输出迭代译码来逼近最大似然译码。典型的 Turbo 码编码器结构框图如图 5.1 所示：由两个反馈的编码器（称为成员编码器）通过一个交织器 I 并行连接而成。如果必要，由成员编码器输出的序列经过删余阵，从而可以产生一系列不同码率的码。例如，对于生成矩阵为 $\boldsymbol{g}=[g_1,g_2]$ 的(2,1,2) 卷积码通过编码后，如果进行删余，则得到码率为 1/2 的编码输出序列；如果不进行删余，得到的码率为 1/3。一般情况下，Turbo 码成员编码器是 RSC(递归系统卷积码) 编码器，原因在于递归编码器可以改善码的比特误码率性能。

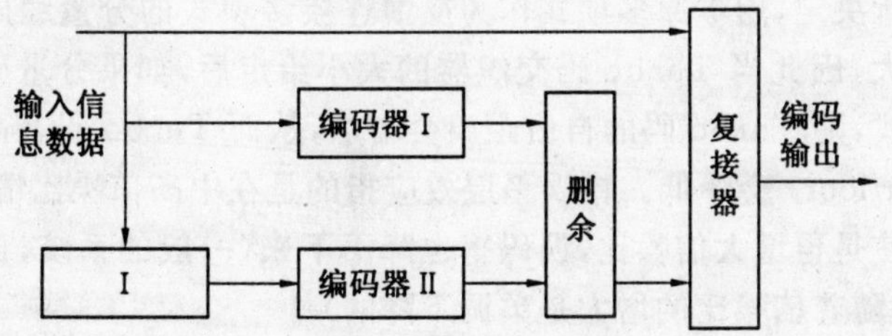

图 5.1　Turbo 码编码原理

5.1.1　Turbo 码的编码

Turbo 码的编码主要涉及三个方面：分量码的选择、交织器的设计以及删余技术。

1. 分量码的选择

通过前面的介绍可知，Turbo 码的分量码采用递归系统卷积码 (Rccursive Systematic Convolutional code，RSC)，这正是它性能优越的一个重要原因。之所以选择 RSC 编码器作为 Turbo 码的子码主要有以下两个原因：

首先，RSC 码具有系统码的优点。这一特性使用户在译码时无须变换码字而直接对接收的码字进行译码，所以，递归系统卷积码(RSC) 对于非系统卷积码(NSC) 而言译码简单、快速。

其次，从差错控制编码的相关文献中可知，非系统卷积码(NSC) 的 BER 性能在高信噪比时比约束长度相同的非递归系统码要好，而在低信噪比时情况却正好相反。递归系统卷积码综合了 NSC 码和非递归系统卷积码的特性，虽然它与 NSC 码具有相同的 trellis 结构和自由距离，但是在高码率($R \geqslant 2/3$) 的情况下，对任何信噪比，它的性能均比等效的 NSC 码要好。由于系统递归卷积码具有以上特点，并且能改善误码率，所以通常选择 RSC 码作为 Turbo 码的子编码器。

递归系统卷积码(RSC) 不同于一般的卷积码器在于其结构中不仅有向前结构，还有向后反馈结构，且 RSC 编码器一般有 2～5 级移位寄存器。用 RSC 码构成 Turbo 码的分量码的码率 R 满足

$$\frac{1}{R}=\frac{1}{R_1}+\frac{1}{R_2}-1 \tag{5.1}$$

式中　R_1, R_2 ——构成 Turbo 码的分量码的码率，在经删余后，分量 RSC1 和 RSC2 的码率可以不同。

从Turbo码的最大似然译码性能分析出，Turbo码在高信噪比下的性能主要由它的自由距离所决定。因为Turbo码的自由距离主要由重量为2的输入信息序列所产生的码字间的最小距离所决定，用本原多项式作为反馈连接多项式的分量编码器所产生的码字的最小重量为最大，因此当Turbo码交织器的大小给定后，如果分量码的反馈连接多项式采用本原多项式，则Turbo码的自由距离会增加，从而Turbo码在高斯信噪比情况下的错误平层（errorfloor）会降低。错误平层效应指的是在中高信噪比情况下，误码曲线变平，也就是说，即使是再增大信噪比，误码率也降不下来（一般的系统，比如说是BPSK的误码曲线，误码率随着信噪比的增大是单调下降的）。

2. 交织器的设计

交织器是影响Turbo码性能的一个关键因素，它可以使Turbo码的距离谱细化，即码重分布更为集中，它的特性的好坏直接关系着Turbo码的性能。

编码器中交织器的使用是实现Turbo码近似随机编码的关键。交织器实际上是一个一一映射函数，作用是将输入信息序列中的比特位置进行重置，以减小分量编码器输出校验序列的相关性和提高码重。通常在输入信息序列较长时可以采用近似随机的映射方式，相应的交织器称为伪随机交织器。由于在具体的通信系统中采用Turbo码时交织器必须具有固定的结构，同时是基于信息序列的，因此在一定条件下可以把Turbo码看成一类特殊的分组码来简化分析。交织是对信息序列加以重新排列的一个过程。

在交织器的设计中，基本上是遵循下列原则：

(1) 最大限度地置乱原来的数据排列顺序，避免置换前相距较近的数据在置换后仍然相距较近，特别是要避免相邻的数据在置换后仍然相邻；

(2) 尽量提高最小码重码字的重量和减小低码重码字的数量；

(3) 尽可能避免与同一信息位直接相关的两个分量编码器中的校验位均被删除；

(4) 对于不归零的编码器，交织器设计时要避免出现“尾效应”图案。

在设计交织器时，应考虑具体应用系统的数据的大小，使交织深度在满足时延要求的前提下，与数据大小一致，或是数据帧长度的整数倍。

交织器和分量码的结合可以确保Turbo码编码输出码字都具有较高的汉明重量。在Turbo编码器中交织器的作用是将信息序列中的比特顺序重置。当信息序列经过第一个分量编码器后输出的码字重量较低时，交织器可以使交织后的信息序列经过第二个分量编码器编码后以很大的概率输出较高重码字，从而提高码字的汉明重量，同时好的交织器还可以有效地降低校验序列间的相关性。因此，交织器设计的好坏在很大程度上影响着Turbo码的性能。

交织器的类型可以分为两大类，一是规则交织器，也称确定性交织器，其交织器的映射函数可以由一个确定的解析函数给出；二是随机交织器，其映射函数不能由一个确定的解析表达式给出。

Turbo 码常用的交织器包括以下几种：分组交织器、随机交织器、s－随机交织器等等。

3. 删余技术

对于数字通信领域日益紧张的带宽资源，提高码率就意味着节省带宽和降低通信费用。删余(Puncturing)是目前提高 Turbo 码码率的主要方法。

Turbo 码中，删余器通常比较简单，因为在一般的应用中，码率都是在 1/2 或者 1/3，因此即使有删余器，它一般也只是周期性地从两个分量编码器中选择校验比特输出即可。其具体做法是：从两个 RSC 编码生成的校验序列中周期地删除一些校验位，然后再与未编码的信息序列复用重组成最后的编码输出序列，调制后进入信道传输。

两个分量码编码器的输出经过删余得到的序列被称为奇偶序列，是校验序列。一个好的删余算法应该符合以下几点要求：

(1) 不能删除信息位，删除信息位会造成较大的信息损失，从而使误码率有较大的损失；

(2) 删余应该在时间域上均匀进行，删余同一时刻所有的比特位会造成此时刻信息损失较大，影响误码率；

(3) 删余应该对于各分量码均匀进行，从而使信息的损失均匀分布在各分量码上，避免由于信息损失不均匀导致分量码译码性能下降。

下面，给出 Turbo 码编码方案的简单示例。

方案中使用的 Turbo 码为 1/3 码率的并行级联码，它的编码器由两个相同的码率为 1/2 的 RSC 编码器及交织器组成，如图 5.2 所示。

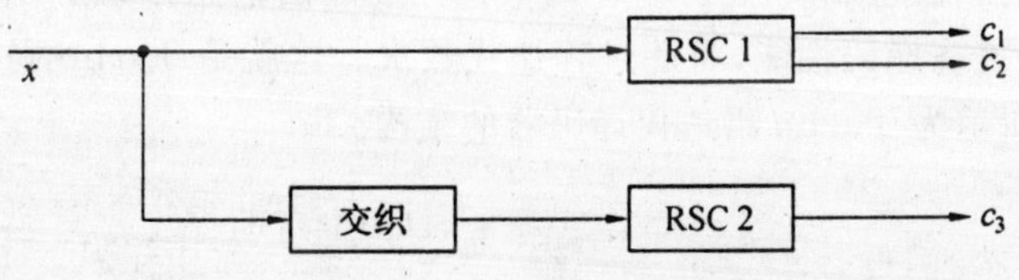

图 5.2　Turbo 码编码器

这里采用了两个相同的系统递归卷积码(RSC)。信息序列分成相同的两路，第一路经过 RSC 编码器 1，输出系统码 c_1 及校验码 c_2。另一路先通过交织器进行交织，使信息序列在 1 帧内重新排列顺序，然后经过 RSC 编码器 2 得到系统码和对应的校验码，由于该系统码和 c_1 实际上都是原信息序列，只是排列顺序不同，在接收端完全可以通过对 c_1 进行交织得到，因此在传输过程中可以省去，而只保留对应的校验位 c_3。在具体实现中，RSC 编码器 2 的输入是通过对 RSC 编码器 1 的系统输出 c_1 进行交织来得到的。c_1，c_2，c_3 再经过并／串转换，作为整个 Turbo 码编码器的输出。对应于每 1 位信息比特，该编码器输出

3位，因此其码率为1/3。如果采用了奇偶删余，即在并/串转换时，在校验位奇位上取c_2，偶位上取c_3或反之，则码率可升为1/2。由于RSC编码器不能如非递归编码器一样通过输入连"0"序列来使编码器复位(网格终止)，因此通过设计如图5.3所示的A,B间的开关来控制编码器终止，当一帧结束时，开关由A打到B，则经过m时刻后，编码器复位，可以对下一帧数据进行编码。这里$m=2$。只有RSC编码器1(外编码器)进行了网格终止，RSC编码器2保持开放。

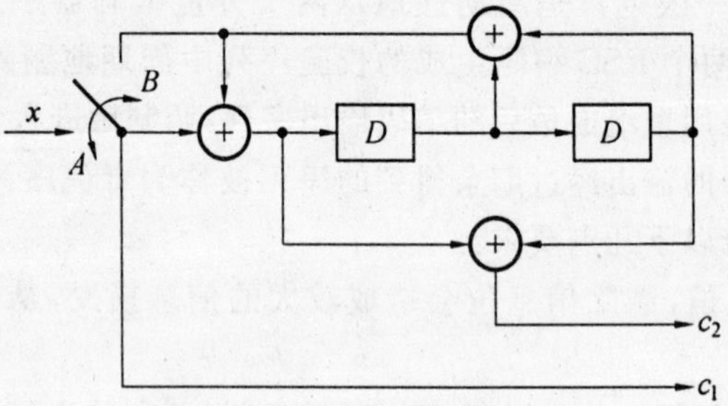

图5.3 RSC成员编码器

5.1.2 Turbo码的译码

由于Turbo码是由两个或多个成员码经过不同交织后对同一信息序列进行编码，译码时，为了更好地利用译码器之间的信息，译码器应该利用软判决信息，而不是硬判决信息。因此，一个由两个成员码构成的Turbo码的译码器是由两个与成员码对应的译码单元和交织器与解交织器组成的，将一个译码单元的软输出信息作为下一个译码器单元的输入，为了进一步提高译码性能，将此过程迭代数次。这就是Turbo码的迭代译码算法的原理。图5.4所示为Turbo码迭代译码器的结构。

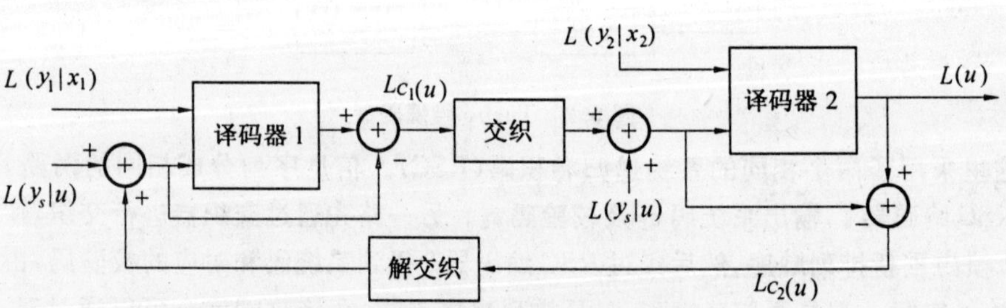

图5.4 Turbo码迭代译码器的结构

Turbo码译码器为串行结构，两个编码器所产生的校验信息通过串并转换被分开，分别送到对应的译码器输入端。首先，第一级译码器根据系统位信息$L(y_s \mid u)$和第一级编

码器的校验位信息 $L(y_1 \mid x_1)$ 得到输出信息(此时译码器 2 的外信息 $L_{C_2}(u)=0$)，输出信息包含两部分，一部分是由译码器根据码字相关性提取出来的外信息，用 $L_{C_1}(u)$ 表示；另一部分来自于系统位对应的信道输出，在传递给下一级译码器之前，被减去。$L_{C_1}(u)$ 在交织之后被送到译码器 2 作为先验信息，译码器 2 因此根据校验位信息、系统位信息和 $L_{C_1}(u)$ 这三者共同作出估计，得到输出信息 $L(u)$，$L(u)$ 减去 $L_{C_1}(u)+L(y_s \mid u)$ 之后，得到译码器 2 的外信息 $L_{C_2}(u)$，它在解交织之后，反馈给第一级译码器作为先验信息，结合 $L_{C_2}(u)$，译码器 1 重新作出译码估计，得到改善的外信息。而此时的外信息又可以传递到译码器 2，如此往复，形成迭代过程。最终，当达到预先设定的迭代次数或满足迭代结束条件时，译码结束，取 $L(u)$ 的符号作为最终硬判决输出。

Turbo 码译码基本算法主要有最大后验概率算法(MAP) 和软输出维特比算法(SOVA)。MAP 算法是一种最优算法，但其运算量非常大，加之运算中的非线性运算不利于硬件的实现，因而一般只用做理论分析，为此人们提出了次最优算法 Log－MAP 算法及 Max－Log－MAP 算法。其中，Log－MAP 算法，实际上就是对标准 MAP 算法中的似然全部用对数似然度来表示，这样，乘法运算变成了加法运算；Max－Log－MAP 算法是在上述对数域的算法中，将似然值加法表示式中的对数分量忽略，使似然加法完全变成求最大值运算，这样除了省去大部分的加法运算外，最大的好处是省去了对信噪比的估计，使得算法更稳健，但付出的代价是性能的下降。

1. SOVA 译码算法

传统 Viterbi 算法用来计算卷积码的最大似然(ML) 序列，由于在它的每一步都要删除一些低似然路径，为每一状态只保留一条最优路径，它无法提供软输出，而只能提供硬判决输出。但在级联系统中，前级硬判决实际上相当于丢失了信息，使后级译码器无法从解调得到的软输出中获益。SOVA 是改进的 Viterbi 算法，它可以给出译码结果的可信度(软输出)。为了给它输出的每个比特赋予一个可信度，需要在删除低似然路径时做一些修正，以保留必要的信息。其基本思想是利用最优留存路径和被删路径的度量差，这个差越小意味着这次算法的可靠性越好，然后用这个差去修正这条路径上各个比特的可信度。这样，这个可信度作为先验信息传递给下级译码器，从而提高了译码性能。

2. LOG－MAP 译码算法

LOG－MAP 是改进的 MAP(最大后验概率) 算法，它在对数域进行计算，可以将 MAP 算法中大量的乘法运算化简为加法运算，从而降低计算量。除此之外，它的基本原理与经典 MAP 算法相同。

MAP 算法由 Bahl 等人于 1974 年提出，因此又称为 BCJR 算法。与 Viterbi 算法不同，它估计出最大似然比特，而前者产生最大似然序列。也就是说 Viterbi 算法提供整体最优解，而 MAP 算法则提供个体最优解。

前面已经提到，卷积码编码过程实际就是一个有限状态的状态转移过程。设 t 时刻编码器从状态 S_{t-1} 转移到状态 S_t，对应的输入为 $u_t=k, k\in\{0,1\}$，输出校验位为 x_t，它与 u_t 一起传输到接收端，译码器的任务就是根据接收信号 y_t 来尽可能恢复 u_t。图 5.5 示意了这一过程。由于 u_t 与状态转移是对应的，因此，有

$$p(u_t=k \mid y_1^N)=\sum p(S_{t-1}=m', S_t=m, u_t=k \mid y_1^N) \tag{5.2}$$

式中 y_1^N—— 接收序列$[y_1, y_2, \cdots, y_N]$。

因此，只要得到所有的

$$p(S_{t-1}=m', S_t=m \mid y_1^N)$$

就可以通过对其中那些对应于 $u_t=k$ 的状态转移概率求和来得到信息比特的后验概率。

由贝叶斯定理，有

$$p(S_{t-1}=m', S_t=m \mid y_1^N)=\frac{p(S_{t-1}=m', S_t=m, y_1^N)}{p(y_1^N)} \tag{5.3}$$

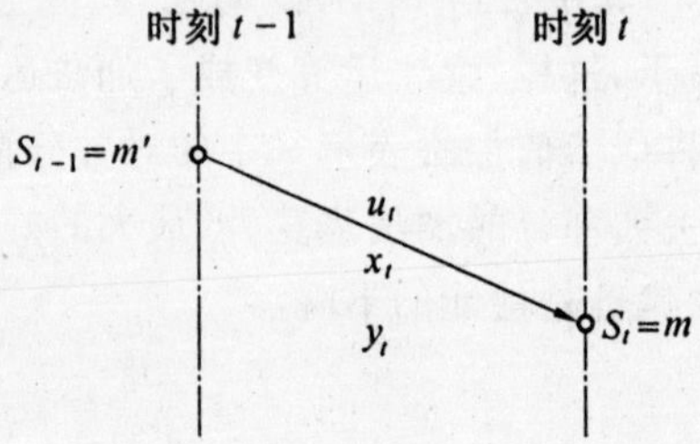

图 5.5 编码网格中一次状态转移

式(5.3) 右侧分子项联合概率可作进一步化简：

$$\begin{aligned}
&p(S_{t-1}=m', S_t=m, y_1^N)= \\
&p(S_{t-1}=m', s_t=m, y_1^t)\,p(y_{t+1}^N \mid S_{t-1}=m', S_t=m, y_1^t)= \\
&p(S_{t-1}=m', S_t=m, y_1^t)\,p(y_{t+1}^N \mid S_t=m)= \\
&p(S_{t-1}=m', y_1^{t-1})\,p(S_t=m, y_t \mid S_{t-1}=m', y_1^{t-1})\,p(y_{t+1}^N \mid S_t=m)= \\
&p(S_{t-1}=m', y_1^{t-1})\,p(S_t=m, y_t \mid S_{t-1}=m')\,p(y_{t+1}^N \mid S_t=m)
\end{aligned} \tag{5.4}$$

以上的化简过程中应用了马尔可夫信源的性质，即 t 时刻以后的状态只与 S_t 及以后的输入有关，而与 t 时刻之前的状态和输入无关，也就是说得到了 t 时刻的状态，之后的状态转移就不再依赖于 y_1^t 以及 $t-1$ 时刻的状态。式(5.4) 分为三部分，可以分别定义如下，令

$$\alpha_t(m)=p(S_t=m, y_1^t)$$

$$\beta_t(m)=p(y_{t+1}^N \mid S_t=m)$$

$$\gamma_t(m', m)=p(S_t=m, y_t \mid S_{t-1}=m')$$

则联合概率可写为

$$p(S_{t-1}=m', S_t=m, y_1^N)=\alpha_{t-1}(m')\cdot\gamma_t(m', m)\cdot\beta_t(m) \tag{5.5}$$

其中，$\alpha_t(m)$ 和 $\beta_t(m)$ 可以用递归方法求出：

$$\alpha_t(m)=\sum_{m'}p(S_{t-1}=m',S_t=m,y_1^t)=$$
$$\sum_{m'}p(S_{t-1}=m',y_1^{t-1})p(S_t=m,y_t\mid S_{t-1}=m',y_1^{t-1})=$$
$$\sum_{m'}\alpha_{t-1}(m')\cdot\gamma_t(m',m)\tag{5.6}$$

$$\beta_t(m)=\sum_{m''}p(S_{t+1}=m'',y_{t+1}^N\mid S_t=m)=$$
$$\sum_{m''}p(S_{t+1}=m'',y_{t+1}\mid S_t=m)p(y_{t+2}^N\mid S_t=m,S_{t+1}=m'',y_{t+1})=$$
$$\sum_{m''}\gamma_{t+1}(m,m'')\cdot\beta_{t+1}(m'')\tag{5.7}$$

通常，编码器的初始状态已知，对于编码器 1，帧结束时网格终止，因此其终了状态也是已知的，因此有

$$\alpha_0(m_i)=\begin{cases}1 & (m_i=0)\\0 & (\text{其他值})\end{cases}$$

以及

$$\beta_N(m_i)=\begin{cases}1 & (m_i=0)\\0 & (\text{其他值})\end{cases}$$

对于编码器 2，由于网格不终止，可以认为它的终了状态是平均分布的。另外，有

$$\gamma_t(m',m)=p(S_t=m\mid S_{t-1}=m')p(y_t\mid S_{t-1}=m',S_t=m)=$$
$$p(u_t(m',m))p(y_t\mid x_t(m',m))\tag{5.8}$$

式中　$u_t(m',m)$—— 信息符号；

$x_t(m',m)$—— 对应于状态转移 (m',m) 的编码输出符号。

上式中 $p(u_t)$ 为信息符号的先验概率，而条件概率 $p(y_t\mid x_t)$ 可由如前所述的信道模型得到。

MAP 算法可按以下步骤实现：

(1) 对于每个时刻 t，根据输出信号 y 和信息符号 u 计算式(5.8)；

(2) 根据式(5.6) 及式(5.7) 递归计算 $\alpha_t(m)$ 及 $\beta_t(m)$；

(3) 根据式(5.5) 计算联合概率 $p(S_{t-1}=m',S_t=m,y_1^N)$；

(4) 根据式(5.2) 得到 $p(u_t=k\mid y_1^N)$；

(5) 计算每个信息符号的对数似然比 $L(u_t)=\log\dfrac{p(u_t=1\mid y_1^N)}{p(u_t=-1\mid y_1^N)}$。

式(5.3) 中的分母 $p(y_1^N)$ 在第(5) 步中被约去，因此不必求得具体数值。另外，在具体实现中，上述概率计算都是在对数域中进行的，因此乘法运算都变成了加法运算。

5.1.3 译码性能分析

在实现过程中，选用了SOVA和LOG-MAP两种译码算法，并对两者的性能进行了仿真比较。仿真中采用1/3码率的Turbo码，共传输了20 000帧（每帧210比特，共200万比特），采用与软件中相同的螺旋交织方案，通过高斯白噪声（AWGN）信道，分别采用LOG-MAP和SOVA译码，迭代1～5次。图5.6和图5.7分别表示了两种译码算法的误码率和误帧率曲线。

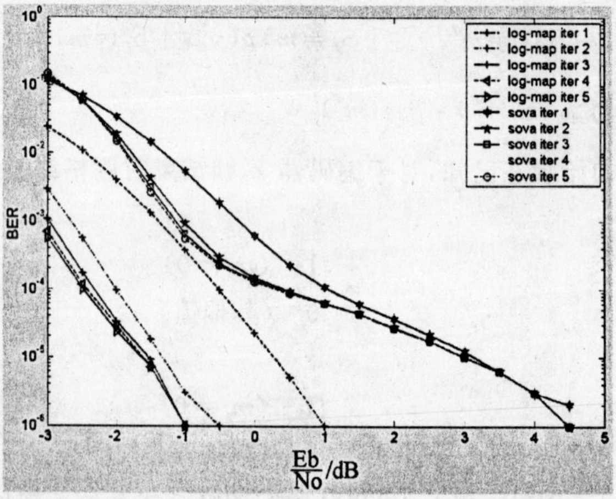

图5.6 SOVA和LOG－MAP译码算法在不同迭代次数下的误码率曲线

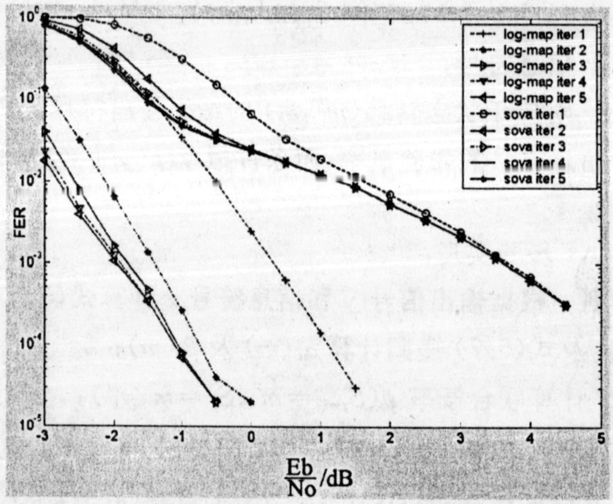

图5.7 SOVA和LOG－MAP译码算法在不同迭代次数下的误帧率曲线

由图 5.6 和图 5.7 可得到如下结论：

(1) 在相同的迭代次数和信噪比条件下，LOG－MAP 译码的误码率和误帧率性能都明显优于 SOVA。

(2) 迭代次数越高，误码率性能越好；但是，大部分迭代增益都出现在前两次迭代中。

(3) 在信噪比较小时(低于 0 dB)，SOVA 迭代译码误码率随信噪比增大降低较快，信噪比较大时误码率改善较缓慢。因此，在信道噪声比较弱时，减少迭代次数不会对误码率性能造成太大影响，却可以降低译码时延；而信道环境比较差时，可增加迭代次数来提高误码率性能。

(4)LOG－MAP 译码的性能非常优异，2 次迭代在信噪比为 －0.5 dB 时误码率即可达到 10^{-6}。

从误码率性能看，Log－MAP 优于 SOVA。从实现复杂度看，SOVA 译码算法实现比较容易，更简单。因此，可以根据实际需要来选择译码方式。

5.2　低密度校验码的定义

低密度校验码(Low Density Parity Check，LDPC) 是基于随机编码与迭代译码的新一代高效信道编码技术。这种编码方法的理论最早是在 1962 年由 Gallager 提出的，但由于当时的计算机计算能力太低，无法仿真出较好的性能，而未受到重视。直到 Turbo 码被发现后，Mackay 和 Neal 又重新挖掘 LDPC，使之成为信道编码领域的热门研究课题。

事实证明，LDPC 码的性能优于 Turbo 码，逼近香农限(为给定带宽和给定噪声条件的信道内无差错数据传输的最高速度设定的绝对极限值)，译码复杂度低于 Turbo 码，适合于硬件实现。

5.2.1　LDPC 码的概念与描述

低密度校验码(LDPC) 是一种新的线性分组码，因此，有必要回顾线性分组码的一些基本概念、码字的生成与译码方法。

二进制分组码是将信息比特序列分为 m 组，每组 k 比特，加入 r 位校验比特，构成包含 $n=k+r$ 位的码字 C。每个码字的 r 位校验比特只与本码字的 k 个信息位有关，而与其他码字的信息位无关。分组码通常表示为 (n,k) 码，其中 $(n-k)=r$ 即为检验位数。显而易见，分组码的编码率为 $\eta=k/n$，η 越大，表明分组传输信息的有效性越高。一个码字中非 0 码元的个数称为汉明重量，而两个码字之间对应位取值不同的个数称为它们之间的汉明距离。线性分组码是指码组的信息位与检验位之间的关系可以用一组代数线性方程来表示。如果信息位在编码保持后不变，则称为系统码。

一个码长为 n、信息位个数为 k 的线性分组码可以由一个生成矩阵 $\boldsymbol{G}_{k\times n}$ 来定义，信息序列 $\boldsymbol{s}_{1\times k}$ 通过 $\boldsymbol{G}$ 被映射到码字 $\boldsymbol{c}_{1\times n}=\boldsymbol{s}_{1\times k}\cdot\boldsymbol{G}_{k\times n}$。线性分组码也可以由一个监督矩阵 $H_{(n-k)\times n}$ 来等效描述，所有码字均满足 $\boldsymbol{C}\cdot\boldsymbol{H}^{\mathrm{T}}=0$。监督矩阵的每一行表示一个校验约束 z_i，其中所有非零元素对应的码元变量 x_j 构成一个校验集，用一个校验方程表示；监督矩阵的每一列表示一个码元变量参与的校验约束，当列元素不为零时，表示该码元变量参与了该行的校验约束。码元变量与校验方程之间的关系称为结构。由第 4 章相关章节的介绍可知，生成矩阵 $\boldsymbol{G}$ 和监督矩阵 $\boldsymbol{H}$ 之间满足如下关系

$$\boldsymbol{H}=[\boldsymbol{P}\ \vdots\ \boldsymbol{I}_r],\quad \boldsymbol{G}=[\boldsymbol{I}_k\ \vdots\ \boldsymbol{P}^{\mathrm{T}}] \tag{5.9}$$

其中，$\boldsymbol{P}$ 为 $r\times k$ 阶矩阵；$\boldsymbol{I}_r$ 为 r 阶单位阵；$\boldsymbol{I}_k$ 为 k 阶单位阵。

例如，给定如下检验矩阵

$$\boldsymbol{H}=\begin{bmatrix}1&1&1&0&\vdots&1&0&0\\1&1&0&1&\vdots&0&1&0\\1&0&0&1&\vdots&0&0&1\end{bmatrix}=[\boldsymbol{P}\ \vdots\ \boldsymbol{I}_r]$$

其中

$$\boldsymbol{P}=\begin{bmatrix}1&1&1&0\\1&1&0&1\\1&0&0&1\end{bmatrix}\qquad \boldsymbol{I}_r=\begin{bmatrix}1&0&0\\0&1&0\\0&0&1\end{bmatrix}$$

由式(5.9)可得

$$\boldsymbol{G}=[\boldsymbol{I}_k\ \vdots\ \boldsymbol{P}^{\mathrm{T}}]=\begin{bmatrix}1&0&0&0&\vdots&1&1&1\\0&1&0&0&\vdots&1&1&0\\0&0&1&0&\vdots&1&0&0\\0&0&0&1&\vdots&0&1&1\end{bmatrix}$$

LDPC 码是作为一种特殊的线性分组码，它的名字来源于其监督矩阵 $\boldsymbol{H}$ 的稀疏性，即监督矩阵 $\boldsymbol{H}$ 中只有数量很少的元素为“1”，大部分都是“0”。根据稀疏矩阵的特点，可以将 LDPC 码分为正则 LDPC 码(监督矩阵 $\boldsymbol{H}$ 中行和列中“1”的个数固定不变)与非正则 LDPC 码(监督矩阵 $\boldsymbol{H}$ 中行和列中“1”的个数不固定)。Gallager 最早给出了正则 LDPC 码的定义，具体来讲正则 LDPC 码的监督矩阵 $\boldsymbol{H}$ 满足以下三个条件：

(1) 监督矩阵 $\boldsymbol{H}$ 中的每行有 ρ 个“1”；

(2) 监督矩阵 $\boldsymbol{H}$ 中的每列有 λ 个“1”，$\lambda\geqslant 3$；

(3) 与码长 n 和监督矩阵 $\boldsymbol{H}$ 的行数 r 相比，ρ 和 λ 都很小。

在正则 LDPC 码的 $\boldsymbol{H}$ 矩阵中，每行中“1”的个数 ρ 又称为行重，它表示每个校验方程对相同数目的码元变量进行校验约束；而每列中“1”的个数为 λ 又称为列重，它表示每个码元变量受到相同数目的校验约束。另外，监督矩阵 $\boldsymbol{H}$ 中“1”的分布是随机的，但要保证矩阵的各行是线性独立的。不难得到，正则 LDPC 码监督矩阵的行重和列重满足关系

$\rho r=\lambda n$，监督矩阵 $\boldsymbol{H}$ 的行数 r 为

$$r=n-k=\lambda n/\rho \tag{5.10}$$

正则 LDPC 码的编码效率为

$$\eta=k/n=1-r/n=1-\lambda/\rho \tag{5.11}$$

由于 ρ 和 λ 都很小，监督矩阵 $\boldsymbol{H}$ 具有很低的"密度"，因此由监督矩阵 $\boldsymbol{H}$ 所确定的码称为低密度校验(LDPC) 码。Gallager 证明了当 $\lambda\geqslant 3$ 时，这类码具有很好的汉明距离特性。正则 LDPC 码通常用 (n,λ,ρ) 来表示，其中 n 为码长，λ 和 ρ 的含义不变。(10,3,5) 正则 LDPC 码的监督矩阵为

$$\boldsymbol{H}=\begin{bmatrix} 0 & 1 & 0 & 0 & 1 & 0 & 1 & 0 & 1 & 1 \\ 0 & 0 & 1 & 1 & 0 & 1 & 0 & 1 & 1 & 0 \\ 1 & 1 & 0 & 0 & 1 & 1 & 0 & 0 & 0 & 1 \\ 0 & 0 & 0 & 1 & 1 & 0 & 1 & 1 & 1 & 0 \\ 1 & 0 & 1 & 0 & 0 & 1 & 0 & 1 & 0 & 1 \\ 1 & 1 & 1 & 1 & 0 & 0 & 1 & 0 & 0 & 0 \end{bmatrix} \tag{5.12}$$

当然，与线性分组码的监督矩阵相比，正则 LDPC 码的监督矩阵未必包含 r 阶单位阵。习惯上，线性分组码的监督矩阵(包含 r 阶单位阵) 称为系统形式的监督矩阵；与之对应，LDPC 码的监督矩阵(不包含 r 阶单位阵) 称为非系统形式的监督矩阵。

当监督矩阵各行或列中"1" 的个数不全相同时，就得到了非正则 LDPC 码。非正则 LDPC 码通常用度序列分布函数来表示，这里会在给出 LDPC 码的 Tanner 图描述之后具体介绍非正则 LDPC 码的度序列表示。

5.2.2　LDPC 码的 Tanner 图表示

设一个 (n,λ,ρ) 正则 LDPC 码具有监督矩阵 $\boldsymbol{H}=(h_{i\times j})_{r\times n}$，则其相应的 Tanner 图模型可以表示为一个二部图。其中码字向量 $\boldsymbol{x}=(x_1,x_2,\cdots,x_n)$ 表示一组变量节点 $\{x_j,j=1,2,\cdots,n\}$，分别对应于监督矩阵的各列；而校验约束则表示一组校验节点 $\{z_i,i=1,2,\cdots,r\}$，对应于监督矩阵的各行。仅当 $h_{i\times j}=1$ 时，变量节点 x_j 与校验节点 z_i 之间有一条边相连，节点 x_j 与 z_i 之间互称邻接节点，其间的连接边称为两个节点的邻接边。对于 (n,λ,ρ) 的正则 LDPC 码，每个变量节点与 λ 个校验节点相连，称该变量节点的度为 λ；每个校验节点与 ρ 个变量节点相连，称该校验节点的度为 ρ，度表示与节点相连的边的数目。图 5.8 给出了式(5.12) 所示的监督矩阵对应的 Tanner 图结构。

对于非正则 LDPC 码，相应的 Tanner 图中各变量节点或校验节点的度并不相同，通常用序列 $\{\lambda_1,\lambda_2,\cdots,\lambda_{d_l}\}$ 和 $\{\rho_1,\rho_2,\cdots,\rho_{d_r}\}$ 来表示其中边的度分布，其中 λ_j 表示与度为 j 的变量节点相连的边占总边数的比率，ρ_i 表示与度为 i 的校验节点相连的边占总边数的

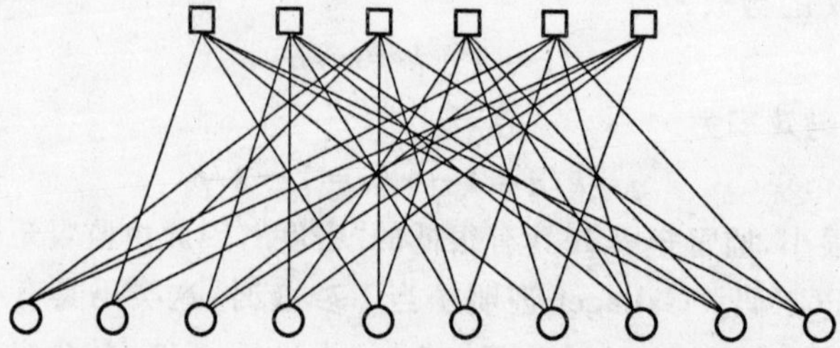

图 5.8 (10,3,5) 正则 LDPC 码的 Tanner 图结构

比率，d_l 和 d_r 分别表示变量节点和校验节点的最大度数。显然有，$\sum_{j=1}^{d_l}\lambda_j=1$ 与 $\sum_{i=1}^{d_r}\rho_i=1$，即部分之和等于全部。这里之所以用边的度分布，而不用节点的度分布来描述 LDPC 码是因为 LDPC 码的译码采用的是基于置信传播(Belief Propagation) 的软输出迭代译码算法(Soft Output Iterative Decoding Algorithms)，如和积译码算法(Sum-Product Algorithm)，在译码过程中，信息的传递是在边上进行的，采用边的分布来描述 LDPC 码有助于分析其在给定译码算法下的实际性能和理论性能的上下界。

边的度分布序列可以用多项式来表示，即

$$\lambda(x)=\sum_{j=1}^{d_l}\lambda_j x^{j-1}$$

$$\rho(x)=\sum_{i=1}^{d_r}\rho_i x^{i-1} \tag{5.13}$$

满足 $\lambda(1)=\sum_{j=1}^{d_l}\lambda_j=1$ 和 $\rho(1)=\sum_{i=1}^{d_r}\rho_i=1$。

正则 LDPC 码可以看做非正则 LDPC 码的特例，例如对于$(n,3,5)$ 的正则 LDPC 码，相应边的度分布多项式分别退化为 $\lambda(x)=x^2$ 和 $\rho(x)=x^4$。

设一个 LDPC 码对应的 Tanner 图中边的总数为 E，根据边的度分布多项式可以得到度为 j 的变量节点个数为 $v_j=E\lambda_j/j$，度为 i 的校验节点个数为 $c_i=E\rho_i/i$，则变量节点和校验节点的总数分别为

$$n=\sum_{j=1}^{d_l}v_j=\sum_{j=1}^{d_l}E\lambda_j/j=E\int_0^1\lambda(x)\mathrm{d}x$$

$$r=\sum_{i=1}^{d_r}c_i=\sum_{i=1}^{d_r}E\rho_i/i=E\int_0^1\rho(x)\mathrm{d}x \tag{5.14}$$

当监督矩阵满秩时，通过度分布多项式 $\lambda(x)$ 和 $\rho(x)$ 构造的非正则 LDPC 码的编码效率为

$$\eta=k/n=1-r/n=1-\frac{\int_0^1\rho(x)\mathrm{d}x}{\int_0^1\lambda(x)\mathrm{d}x} \tag{5.15}$$

例如，对于由式(5.12)确定的(10,3,5)正则 LDPC 码，采用式(5.10)和式(5.15)计算的码率都为 40%。

对于监督矩阵非满秩的情况，实际的编码效率要比 η 略高一些。

5.3　低密度校验码的编码和译码

5.3.1　LDPC 码的编码

LDPC 码的编码过程可归结为以下三步。

第 1 步，确定行重 ρ 和列重 λ，根据码长 n 构造 LDPC 码的监督矩阵 $\boldsymbol{H}$。低密度矩阵的构造有几种方法，这里介绍一种简单的半随机低密度矩阵的构造方法。该方法如下：

(1) 生成一个 $r\times n$ 的全 0 矩阵，然后随机地往每列中插入 j 个"1"，这时生成了一个非正则的低密度监督矩阵；

(2) 调整行重，使行重尽量保持一致；

(3) 调整列中"1"的位置，使得相邻两列"1"的位置在行上不重叠；

(4) 消除矩阵中的短循环。

用该算法构造的矩阵未必是正则的，还需要进一步处理使该矩阵的行重达到一致。

第 2 步，通过线性代数中的高斯-约旦变换，把 LDPC 码的非系统形式的监督矩阵，转化为系统形式，再利用该矩阵通过式(5.9)得到 LDPC 码的生成矩阵 $\boldsymbol{G}$。

第 3 步，利用信息矢量 $\boldsymbol{m}$ 与生成矩阵 $\boldsymbol{G}$，就可以得到编码后的码字 $\boldsymbol{C}=\boldsymbol{m}\cdot\boldsymbol{G}$。

第 2 步和第 3 步的数学表述如下。

将非系统形式的 $r\times n$ 阶监督矩阵 $\boldsymbol{H}$ 表示为分块矩阵：

$$\boldsymbol{H}=[\boldsymbol{B}^{\mathrm{T}}\ \vdots\ \boldsymbol{A}^{\mathrm{T}}]$$

其中，$\boldsymbol{B}^{\mathrm{T}}$ 为 $r\times k$ 的矩阵；$\boldsymbol{A}^{\mathrm{T}}$ 为 r 阶的方阵。

如果信息矢量用 $\boldsymbol{m}$ 表示，校验矢量用 $\boldsymbol{b}$ 表示，可以将编码矢量 $\boldsymbol{C}$ 写成分块行矢量(其最高有效位为 $\boldsymbol{m}$ 的最高有效位，最低有效位为 $\boldsymbol{b}$ 的最低有效位)：

$$\boldsymbol{C}=[\boldsymbol{m}\ \vdots\ \boldsymbol{b}]$$

则由公式 $\boldsymbol{C}\cdot\boldsymbol{H}^{\mathrm{T}}=\boldsymbol{0}$ 可得

$$\boldsymbol{C}\cdot\boldsymbol{H}^{\mathrm{T}}=[\boldsymbol{m}\ \vdots\ \boldsymbol{b}]\begin{bmatrix}\boldsymbol{B}\\ \cdots\\ \boldsymbol{A}\end{bmatrix}=\boldsymbol{0}$$

即 $mB+bA=0$，得到

$$b=mBA^{-1} \tag{5.16}$$

通过高斯-约旦变换，监督矩阵 H 转化为系统监督矩阵，记为 H_0，则有

$$H_0=[(A^{T})^{-1}B^{T} \vdots (A^{T})^{-1}A^{T}]=[(BA^{-1})^{T} \vdots I_r] \tag{5.17}$$

根据公式(5.9)，可得到

$$P=(BA^{-1})^{T}, \qquad G=[I_k \vdots P^{T}]=[I_k \vdots BA^{-1}] \tag{5.18}$$

因此，在已知信息矢量 m 与生成矩阵 G 之后，就可以得到编码后的码字为

$$C=mG \tag{5.19}$$

【例 5.1】 下面以式(5.12)给出的(10,3,5)正则 LDPC 码的监督矩阵为例，给出编码过程。

将非系统的 $r\times n$(这里为 6×10)阶监督矩阵 H 分为两个部分：

$$H=[B^{T} \vdots A^{T}]=\begin{bmatrix} 0&1&0&0&\vdots&1&0&1&0&1&1\\ 0&0&1&1&\vdots&0&1&0&1&1&0\\ 1&1&0&0&\vdots&1&1&0&0&0&1\\ 0&0&0&1&\vdots&1&0&1&1&1&0\\ 1&0&1&0&\vdots&0&1&0&1&0&1\\ 1&1&1&1&\vdots&0&0&1&0&0&0 \end{bmatrix}$$

其中，A^{T} 为 r(本例为 6)阶方阵；B^{T} 为 $r\times k$(本例为 6×4)阶矩阵。

监督矩阵 H 的右半部分为 A^{T}，左半部分为 B^{T}，因此

$$A=\begin{bmatrix} 1&0&1&1&0&0\\ 0&1&1&0&1&0\\ 1&0&0&1&0&1\\ 0&1&0&1&1&0\\ 1&1&0&1&0&0\\ 1&0&1&0&1&0 \end{bmatrix} \qquad B=\begin{bmatrix} 0&0&1&0&1&1\\ 1&0&1&0&0&1\\ 0&1&0&0&1&1\\ 0&1&0&1&0&1 \end{bmatrix}$$

根据 A 求出 A 的逆矩阵 A^{-1}

$$A^{-1}=\begin{bmatrix} 1&1&0&1&0&0\\ 1&0&0&1&0&1\\ 0&0&0&1&1&1\\ 0&1&0&0&1&1\\ 1&1&0&0&1&0\\ 1&0&1&1&1&1 \end{bmatrix}$$

由 B 矩阵和 A 的逆矩阵 A^{-1} 得到矩阵 P^{T}

$$P^{\mathrm{T}}=BA^{-1}=\begin{bmatrix}0&1&0&1&0&1\\0&1&0&0&1&1\\1&0&1&0&0&1\\0&0&1&0&1&1\end{bmatrix}\cdot\begin{bmatrix}1&1&0&1&0&0\\1&0&0&1&0&1\\0&0&0&1&1&1\\0&1&0&0&1&1\\1&1&0&0&1&0\\1&0&1&1&1&1\end{bmatrix}=\begin{bmatrix}0&1&1&0&0&1\\1&1&1&0&0&0\\0&1&1&1&0&0\\0&1&1&0&1&0\end{bmatrix}$$

由矩阵 P^{T} 得到生成矩阵 G

$$G=[I_k\ \vdots\ P^{\mathrm{T}}]=\begin{bmatrix}1&0&0&0&\vdots&0&1&1&0&0&1\\0&1&0&0&\vdots&1&1&1&0&0&0\\0&0&1&0&\vdots&0&1&1&1&0&0\\0&0&0&1&\vdots&0&1&1&0&1&0\end{bmatrix}$$

这样，当信息矢量 m 给定时，便可以根据生成矩阵 G 编码，编码矢量为 $C=mG$。

5.3.2　LDPC码的译码

下面介绍 LDPC 码通用的一类译码算法，即消息传递算法(Message Passing Algorithms)。该算法是一种迭代译码算法(Iterative Algorithms)，它的名字来源于其运行机制，在该算法的每一轮迭代过程中，关于各个节点的置信消息需要在变量节点和校验节点之间传递。例如由变量节点向校验节点传递的消息是基于变量节点对应的码元变量经过信道后的观察值和由邻接的校验节点在上一次迭代过程中传递过来的消息联合计算的，其中需要特别注意的是由某个变量节点v向校验节点c所传递消息的计算中不包含在上一次迭代中由校验节点c传递给变量节点v的消息，对由校验节点向变量节点传递的消息也有同样情况。

一类比较重要的消息传递算法称为置信传播算法(Belief Propagation Algorithm)，该算法在 Gallager 的博士论文中有具体的描述，也经常在人工智能(Artificial Intelligence)等领域内使用。在置信传播算法中，各个节点之间传递的信息是概率或置信信息，比如由变量节点 v 传递给校验节点 c 的信息是 v 取某些特定值的概率信息，该信息的具体取值依赖于的观测值和其他所有与相连的校验节点(除c以外)在上一轮迭代中传递给 v 的置信信息，同样由 c 传递给的信息也是取某些特定值的概率信息，该信息的具体取值依赖于其他所有与相连的校验节点(除 v 以外)在上一轮迭代中传递给 c 的置信信息。

置信传播算法的迭代公式是在独立性假设(Independence Assumption)下推导得到的，这里仅考虑码元取自 $GF(2)$ 的情况。设某个二值随机变量 x 取值为 0,1 的概率分别为 $P(x=0)$ 和 $P(x=1)$，为了使所传递的消息中能够同时包含 x 的两个取值概率信息，通常用两者的一个函数变量来表示该信息，如概率差 $\Delta_x=P(x=0)-P(x=1)$、概率比

$L(x)=P(x=0)/P(x=1)$ 或者对数似然比 $LLR(x)=\ln[P(x=0)/P(x=1)]$，这些函数变量称为量度(Metric)。可以证明，不同量度下推导得到的迭代公式是等价的。以下是对数似然比量度下的公式推导。

设 x 为满足均匀分布的二值随机变量，即 $P(x=0)=P(x=1)=1/2$，y 为 x 经过信道后的观测值，根据贝叶斯规则有

$$\begin{aligned}LLR(x \mid y)=&\ln\frac{P(x=0 \mid y)}{P(x=1 \mid y)}=\ln\frac{P(x=0,y)/P(y)}{P(x=1,y)/P(y)}=\\&\ln\frac{P(y \mid x=0)P(x=0)}{P(y \mid x=1)P(x=1)}=\ln\frac{P(y \mid x=0)}{P(y \mid x=1)}=\\&LLR(y \mid x)\end{aligned} \tag{5.20}$$

根据独立性假设，若 $x_1,x_2,\cdots,x_d$ 为互相独立的二值随机变量，$y_1,y_2,\cdots,y_d$ 是 $x_1,x_2,\cdots,x_d$ 经过无记忆信道后的观测值，则有

$$LLR(x_1,x_2,\cdots,x_d \mid y_1,y_2,\cdots,y_d)=\sum_{i=1}^{d}LLR(x_i \mid y_i) \tag{5.21}$$

考虑两个二值随机变量 x_1,x_2。y_1,y_2 为 x_1,x_2 经过信道后的观测值，则有

$$\begin{aligned}LLR(x_1 \oplus x_2 \mid y_1,y_2)=&\ln\frac{P(x_1 \oplus x_2=0 \mid y_1,y_2)}{P(x_1 \oplus x_2=1 \mid y_1,y_2)}=\\&\ln\frac{P(x_1=0,x_2=0 \mid y_1,y_2)+P(x_1=1,x_2=1 \mid y_1,y_2)}{P(x_1=0,x_2=1 \mid y_1,y_2)+P(x_1=1,x_2=0 \mid y_1,y_2)}=\\&\ln\frac{P(x_1=0 \mid y_1)P(x_2=0 \mid y_2)+P(x_1=1 \mid y_1)P(x_2=1 \mid y_2)}{P(x_1=0 \mid y_1)P(x_2=1 \mid y_2)+P(x_1=1 \mid y_1)P(x_2=0 \mid y_2)}=\\&\ln\frac{1+e^{LLR(x_1 \mid y_1)+LLR(x_2 \mid y_2)}}{e^{LLR(x_1 \mid y_1)}+e^{LLR(x_2 \mid y_2)}}=\\&\ln\frac{1+\tanh(e^{LLR(x_1 \mid y_1)}/2)\cdot\tanh(e^{LLR(x_2 \mid y_2)}/2)}{1-\tanh(e^{LLR(x_1 \mid y_1)}/2)\cdot\tanh(e^{LLR(x_2 \mid y_2)}/2)}\end{aligned} \tag{5.22}$$

现在考虑多个二值随机变量 $x_1,x_2,\cdots,x_d$ 的情况，设 $y_1,y_2,\cdots,y_d$ 是 $x_1,x_2,\cdots,x_d$ 经过信道后得到的观测值，则将式(5.22)推广即可得到

$$LLR(x_1 \oplus x_2 \oplus \cdots \oplus x_d \mid y_1,y_2,\cdots,y_d)=\ln\frac{1+\prod_{i=1}^{d}\tanh(e^{LLR(x_i \mid y_i)}/2)}{1-\prod_{i=1}^{d}\tanh(e^{LLR(x_i \mid y_i)}/2)} \tag{5.23}$$

利用式(5.21)和式(5.23)便可推导出置信传播算法的迭代公式。设发端为二进制等概信源，即每个发送符号取0和1的概率均为1/2，发送码字为 $x=\{x_1,x_2,\cdots,x_n\}\in GF^n(2)$，经过信道传输之后在接收端得到的码序列为 $y=\{y_1,y_2,\cdots,y_n\}\in F_y^n$，对不同的信道输出，集合 F_y 的含义有所不同。首先，根据信道观测值 y 计算每个码元变量的后验概率信息，即 $f_j=LLR(x_j \mid y_j)$；在之后的每一轮迭代中，每个校验节点 i 根据式(5.23)计

算出相应的对数似然信息 Q_{ij}^l 并传递给相邻的变量节点 j；每个变量节点 j 也根据式(5.21) 计算出相应的信息 R_{ij}^l 并传递给相邻的校验节点 i，其中 l 为迭代次数。

通常，用 $M(j)$ 表示与变量节点 j 相连的所有校验节点所构成的集合，$M(j)\backslash i$ 表示 $M(j)$ 中除去其中的校验节点 i 后剩下的集合；用 $N(i)$ 表示与校验节点 i 相连的所有变量节点构成的集合，$N(i)\backslash j$ 表示 $N(i)$ 中除去其中的变量节点 j 后剩下的集合，则相应的迭代公式可表示为

$$Q_{ij}^l=\begin{cases} f_j \quad (l=0) \\ f_j+\sum\limits_{k\in M(j)\backslash i} R_{kj}^{l-1} \quad (l>0) \end{cases} \tag{5.24}$$

$$R_{ij}^l=\ln\frac{1+\prod\limits_{k\in N(i)\backslash j}\tanh(Q_{ik}^l/2)}{1-\prod\limits_{k\in N(i)\backslash j}\tanh(Q_{ik}^l/2)} \tag{5.25}$$

注意到式(5.25) 还可以写作

$$\tanh(R_{ij}^l/2)=\prod_{k\in N(i)\backslash j}\tanh(Q_{ik}^l/2) \tag{5.26}$$

可以发现第一个迭代公式，即式(5.24) 主要采用求和运算，而第二个迭代公式，即式(5.25) 则主要采用乘积运算，因此置信传播算法也被称为和积译码算法(Sum-Product Algorithm)。

以下将分析在 BIAWGN 信道下和积译码算法的流程。

在BIAWGN信道下，由信道编码器产生的码字序列 $x=\{x_1,x_2,\cdots,x_n\}\in GF^n(2)$ 通常需要经过 BPSK 调制，即经过映射 $0\to+1,1\to-1$ 得到 $\widetilde{x}=\{\widetilde{x_1},\widetilde{x_2},\cdots,\widetilde{x_n}\}$，然后才送入信道，并在接收端得到接收序列 $y=\{y_1,y_2,\cdots,y_n\}\in R^n$。根据 BIAWGN 信道的特性可以得到

$$y_j=\widetilde{x_j}+n_j \quad (j=1,2,\cdots,n) \tag{5.27}$$

其中 n_j 为服从 $N(0,\sigma^2)$ 的一维高斯随机变量，因此可以推知

$$\begin{aligned} f_j &=\ln\frac{P(x_j=0\mid y)}{P(x_j=1\mid y)}=\ln\frac{P(\widetilde{x_j}=+1\mid y_j)}{P(\widetilde{x_j}=-1\mid y_j)}= \\ &\ln\frac{P(y_j\mid\widetilde{x_j}=+1)}{P(y_j\mid\widetilde{x_j}=-1)}=\ln\frac{P(n_j=y_j-1)}{P(n_j=y_j+1)}= \\ &\ln\frac{\frac{1}{\sqrt{2\pi}\,\sigma}\exp[-\frac{(y_j-1)^2}{2\sigma^2}]}{\frac{1}{\sqrt{2\pi}\,\sigma}\exp[-\frac{(y_j+1)^2}{2\sigma^2}]}=\frac{2y_j}{\sigma^2} \end{aligned} \tag{5.28}$$

BIAWGN 信道下和积译码算法的整个流程如下：

(1) 初始化：对所有的变量节点根据式(5.28)计算 f_j，对所有的 Q_{ij}^l 赋初值 $Q_{ij}^l=f_j$；

(2) 水平迭代：根据式(5.25)，对所有的校验节点 $i(i=1,2,\cdots,m)$，计算 R_{ij}^l；

(3) 垂直迭代：根据式(5.24)，对所有的校验节点 $j(j=1,2,\cdots,n)$，计算 Q_{ij}^l；

(4) 判决与终止迭代：每次迭代结束后对所有变量节点计算 Q_j^l 并作硬判决，其中 Q_j^l 的计算公式为

$$Q_j^l=f_j+\sum_{k\in M(j)}R_{kj}^l \tag{5.29}$$

判决规则为

$$\overline{x_j}=\begin{cases}0 & (Q_j^l>0)\\ 1 & (Q_j^l<0)\end{cases} \tag{5.30}$$

若判决序列 $\overline{x}=\{\overline{x_1},\overline{x_2},\cdots,\overline{x_n}\}$ 满足方程 $\overline{x}\cdot\boldsymbol{H}^{\mathrm{T}}=\boldsymbol{0}$，则停止迭代并输出判决结果，否则继续迭代至最大迭代次数 $l_{\max}$。

5.4 低密度校验码的性能分析

加拉格(Gallager)虽然证明了正则 LDPC 码是渐进好码，但分析发现正则码在和积译码算法下并不能完全逼近香农限。1997 年，卢比(Luby)针对删除信道给出了一个惊人的结果，即非正则 LDPC 码的性能优于正则 LDPC 码；接着，理查森(Richardson)等针对 AWGN 信道从理论上证明了基于和积译码算法的非正则 LDPC 码优于正则 LDPC 码。虽然是否存在以任意接近信道容量的速率进行可靠传输的 LDPC 码仍然是一个非常重要的公开问题，人们已构造出许多非常接近 AWGN 信道容量和任意接近删除信道容量的非正则 LDPC 码。

给定一对度序列分布函数 $\lambda(x)$ 和 $\rho(x)$，就定义了一个满足度分布的 LDPC 码码集，为了从理论上分析该码集的平均性能，理查森等人提出了密度进化理论(Density Evolution Theory)。

假定在每一轮迭代中，每个节点接收到的消息之间统计独立，由于信道的输出值是一些满足一定概率分布、互相独立的随机变量，整个译码过程实际上是求解一个以多个随机变量为自变量的复杂函数，因此如果能够跟踪译码过程中消息的概率密度的变化，则可以从理论上确定一个给定的 LDPC 码在独立性假设下采用和积译码算法所能够达到的纠错性能。

考虑和积译码算法中的式(5.26)，为便于分析，通常将该计算式变换到对数域中。由于函数 $\tanh(x)$ 的取值可正可负，而负数不能做真数进行对数运算，因此需要对函数 $\tanh(x)$ 的符号单独跟踪。令 γ 为一个从实数域 $(-\infty,+\infty)$ 到域 $F_2\times(0,+\infty)$ 上的映

射，该映射定义如下：

$$\gamma(x) \equiv (s(x), -\ln \tanh(|x|/2)) \tag{5.31}$$

其中

$$s(x) = \begin{cases} 1 & (x < 0) \\ 0 & (x \geqslant 0) \end{cases}$$

易知 $\gamma(x)$ 是一个双射函数，因此它的逆函数 $\gamma^{-1}(x)$ 存在，且满足

$$\gamma(xy) = \gamma(x) + \gamma(y)$$

则式(5.31) 可以等效变换为

$$R_{ij}^{l} = \gamma^{-1}\left(\sum_{k \in N(i)\setminus j} \gamma(Q_{ik}^{l}) \right) \tag{5.32}$$

至此可以看出，在和积译码算法中，只有加法操作和 γ 函数运算及其逆运算，而根据概率知识可知若 $v_1, v_2, \cdots, v_d$ 为某个加群 G 中的 d 个独立随机变量，其概率密度函数均为 f。令 $\chi = v_1 + v_2 + \cdots + v_d$，则随机变量 χ 的概率密度函数则应为 f 的 d 次卷积，记做 $f^{\otimes d}$。现在我们来推导译码过程中消息概率密度的演化。

设 f, g_l 和 h_l 分别为初始消息 f_j 及消息 R_{ij}^{l} 和 Q_{ij}^{l} 的概率密度函数，并设变量节点 j 的度数为 d，则由式(5.24) 可得到传递给变量节点 j 的消息 Q_{ij}^{l+1} 的概率密度函数为

$$h_{l+1} = f \otimes g_l^{\otimes(d-1)} \tag{5.33}$$

通常假设 LDPC 码对应的 Tanner 图是随机构造的，图中每条边与度为 d 的变量节点相连的概率为 λ_d，与度为 d 的校验节点相连的概率为 ρ_d，则消息 Q_{ij}^{l+1} 的期望概率密度函数应为

$$h_{l+1} = f \otimes \lambda(g_l) = f \otimes \left(\sum_d \lambda_d g_l^{\otimes(d-1)} \right) \tag{5.34}$$

对消息 R_{ij}^{l+1}，需要考虑式(5.31) 中定义的函数 $\gamma(x)$，设 x 为域$(-\infty, +\infty)$上的随机变量，其概率密度函数为 F，$\Gamma(F)$ 为随机变量函数 $\gamma(x)$ 的概率密度函数，则消息 R_{ij}^{l} 的期望概率密度函数应为

$$g_l = \Gamma^{-1}(\rho(\Gamma(f_l))) = \Gamma^{-1}\left(\sum_d \rho_d \, (\Gamma(f_l))^{\otimes(d-1)} \right) \tag{5.35}$$

综合式(5.34) 和式(5.35)，就得到

$$h_{l+1} = f \otimes \lambda(\Gamma^{-1}(\rho(\Gamma(f_l)))) \tag{5.36}$$

式(5.36) 就是密度进化理论的递归计算式。利用密度进化理论，可以求得具有确定度序列分布函数的 LDPC 码在和积译码算法下能够实现可靠传输的渐进阈值。反过来，也可以利用密度进化理论来优化 LDPC 码的度序列设计，从而获得具有更大渐进阈值的度序列函数。

上面仅仅介绍了密度进化理论的简单推导，并没有给出其具体实现方案，如没有给出函数 Γ 的表达式。事实上，密度进化理论模型是一个多参数的动态系统，在复杂信道上的

应用非常困难。Chung 等通过对密度进化理论的研究，进一步提出了应用高斯逼近原理来简化译码阈值计算和收敛性分析，从而将密度进化理论模型简化为单一参数动态系统的高斯逼近模型。

习　题

5.1　Turbo 码的编码主要涉及哪些方面？简要画出典型 Turbo 码编码器的结构框图。

5.2　为什么选择 RSC 编码器作为 Turbo 码的子码？

5.3　简述 Turbo 码迭代译码算法的原理。Turbo 码译码基本算法主要有哪些？

5.4　MAP 算法、Log - MAP 算法和 Max - Log - MAP 算法三者的关系如何？

5.5　试比较 SOVA 算法和 Log - MAP 算法的译码性能。

5.6　LDPC 码的名称由来是什么？它与线性分组码是何种关系？

5.7　正则 LDPC 码的监督矩阵要满足哪些条件？正则 LDPC 码与非正则 LDPC 码的区别在哪里？

5.8　简述正则 LDPC 码的编码过程。

5.9　简述 BIAWGN 信道下和积译码算法的流程。

5.10　(20,3,4) 正则 LDPC 码的监督矩阵的维度是多少？该码的码率是多少？

5.11　已知(6,2,3)的正则 LDPC 码的监督矩阵为

$$\boldsymbol{H}=\begin{bmatrix}1 & 0 & 1 & 0 & 0 & 1\\ 1 & 1 & 0 & 1 & 0 & 0\\ 0 & 1 & 0 & 0 & 1 & 1\\ 0 & 0 & 1 & 1 & 1 & 0\end{bmatrix}$$

(1) 试作出其 Tanner 图。

(2) 求出该码的生成矩阵 $\boldsymbol{G}$。

(3) 若信息矢量为 $\boldsymbol{m}=[1,0]$，求该码的编码矢量 $\boldsymbol{C}$。

第 6 章

信息率失真理论

6.1　引　言

前面我们介绍了无失真信源编码和有噪声信道编码的问题。概括地讲，无论是有噪声信道还是无噪声信道，只要传信率小于信道容量，总能找到一种编码方法，使误码率任意小，同时使传信率任意接近信道容量。另外，在实际系统中，人们一般并不要求完全无失真地恢复消息，而是允许一定的失真或差错，即在一定的保真度条件下传输信息。例如语音信号为 208 kHz 的范围，但其主要能量集中在 300 ～ 3 400 Hz 范围内。引入信息率失真理论对于信号传输和分析有其必要性，体现在：

(1) 失真在传输中是不可避免的；

(2) 接收者(信宿) 无论是人还是机器设备，都有一定的分辨能力与灵敏度，超过分辨能力与灵敏度的信息传送过程是毫无意义的；

(3) 即使信宿能分辨、能判别，但对通信质量的影响不大，也可以称它为允许范围内的失真。

我们的目的就是研究不同类型的客观信源与信宿，在给定的要求下的最大允许(容忍) 失真，及其相应的信源最小信息率 $R(D)$。对限失真信源，应该传送的最小信息率是 $R(D)$，而不是无失真情况下的信源熵 $H(U)$。显然 $H(U) \geqslant R(D)$，当且仅当 $D=0$ 时，等号成立。

为了定量度量 D，必须建立信源的客观失真度量，并与 D 建立定量关系；$R(D)$ 函数是限失真信源信息处理的理论基础。具体在编码时，就是要在一定的失真度要求下，恰当地选择失真方案，对信源发出的消息进行失真处理，以便用最少的符号来表示尽可能多的消息。这与前面所说的信源编码一样，都是为了解决信息传输的有效性问题。所不同的是以前不允许有失真，而现在允许有一定的失真，以便获得更大的数据压缩率。下面通过一个简单的例子来说明。

【例 6.1】 设信源等概发送 4 个消息，即 $X=\{x_1,x_2,x_3,x_4\}$，$P(X)=\{p_1,p_2,p_3,p_4\}=\{1/4,1/4,1/4,1/4\}$。在不允许失真的情况下，信源的熵为

$$H(X)=\log_2 4=2 \text{ 比特 / 消息} \tag{6.1}$$

根据信源编码定理，对该信源进行二进制编码时，平均码长不小于 2 码元 / 消息。

若允许有一半的消息产生失真，即错误概率为 50%。那么为了压缩代码长度，应该选择一种好的失真方案，使得失真后的消息集 Y 具有尽可能小的熵。确切地说，应该是 Y 中的每一个消息所提供的关于信源 X 的平均信息量最小，实际上是互信息量最小，这一点我们将在第 6.3 节予以说明。

注：在实际压缩过程中，有的是先压缩后编码，这时 Y 为 X 的复制品，是压缩后的消息集；有的是把压缩和编码一并完成，这时 Y 为压缩后的代码集；有的是直接把消息与符号对应，这时 Y 又可称为符号集。

下面给出两种失真方案来进行比较，如图 6.1 所示。

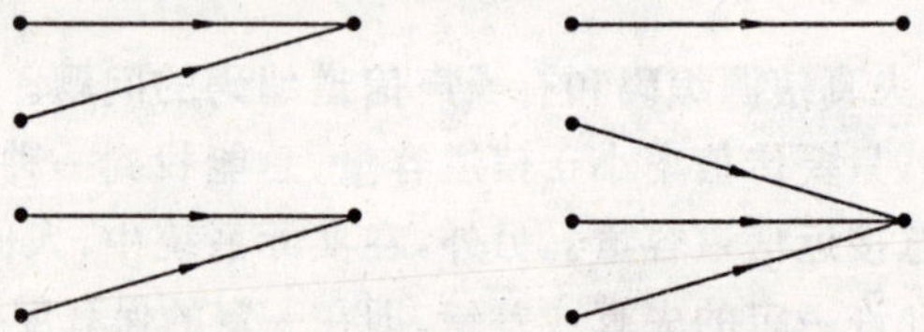

失真方案 A　　　　失真方案 B

图 6.1　两种失真方案

失真方案 A：设下标为奇数的消息不失真，即 $x_1=y_1$，$x_3=y_3$；而下标为偶数的消息失真后变为下标比它小 1 的消息，即 $x_2=x_1=y_1$，$x_4=x_3=y_3$。这样，失真后的消息集为 $Y=\{y_1,y_3\}$，其概率分布为 $P(Y)=\{1/2,1/2\}$。它的熵为

$$H(Y)=\log_2 2=1 \text{ 比特 / 消息} \tag{6.2}$$

根据信源编码定理，对 Y 进行二进制编码时，平均码长可压缩到 1 码元 / 消息，数据量压缩了 50%。

失真方案 B：仍设 x_1,x_3 不失真，即 $x_1=y_1,x_3=y_3$；而另外两个消息都失真为 y_3，即 $x_2=y_3,x_4=y_3$。设失真后的消息集为 $Y'=\{y_1,y_3\}$，其概率分布为 $P(Y')=\{1/4,3/4\}$。它的熵为

$$H(Y')=-(1/4)\log_2(1/4)-(3/4)\log_2(3/4)=0.811 \text{ 比特 / 消息} \tag{6.3}$$

根据信源编码定理，对 Y' 进行二进制编码时，平均码长可压缩到 0.811 码元 / 消息。数据量可压缩将近60%，比方案 A 要好一些。

可见在同样的失真度要求下，选择不同的失真方案可以得到不同的压缩率。通信过程中，就要求我们要去寻求最佳的压缩方案，实现更好的性能。

6.2　信息率失真函数及其性质

6.2.1　失真度

对于通信系统来说，允许失真越大，传信率就越大，允许失真越小，传信率就越小。另外，我们信源编码产生的失真等价看成由信道干扰造成的，也就是用信道转移概率描述信源编码造成的失真，如图 6.2 所示。

图 6.2　试验信道模型

1. 失真度(失真函数)定义

设离散无记忆信源的状态空间为

$$U=\{u_1,u_2,\cdots,u_r\}$$

概率空间为

$$P(U)=\{p(u_1),p(u_2),\cdots,p(u_r)\}$$

接收的离散随机变量为

$$V=\{v_1,v_2,\cdots,v_s\}$$

对应每一对 (u,v)，我们定义一个非负函数

$$d(u_i,v_j)\geqslant 0\quad(i=1,2,\cdots,r;j=1,2,\cdots,s)$$

称 $d(u_i,v_j)$ 为编码信源单个符号的失真度。它表示由发送符号 u_i 到接收符号 v_j 产生的失真。它的值越小表示失真越小，$d(u_i,v_j)=0$ 表示无失真。

可以用一个矩阵表示每个符号对产生的全部失真，称为失真矩阵。

$$\boldsymbol{D}=\begin{bmatrix} d(u_1,v_1) & d(u_1,v_2) & \cdots & d(u_1,v_s) \\ d(u_2,v_1) & d(u_2,v_2) & \cdots & d(u_2,v_s) \\ \vdots & \vdots & & \vdots \\ d(u_r,v_1) & d(u_r,v_2) & \cdots & d(u_r,v_s) \end{bmatrix} \tag{6.4}$$

例如：二元对称信源，$U=\{0,1\}$，$V=\{0,1\}$。用汉明失真定义的失真矩阵为

$$\boldsymbol{D}=\begin{bmatrix} 0 & 1 \\ 1 & 0 \end{bmatrix}$$

其中，$d(0,0)=d(1,1)=0$；$d(0,1)=d(1,0)=1$。可以看到，失真矩阵就类似于信道转移概率矩阵。

2. 平均失真度的定义

由于U和V都是随机变量，因此$d(u_i,v_j)$也是一个随机变量。因此，编码信源的平均失真度为

$$\bar{D}=E[d(u_i,v_j)] \tag{6.5}$$

设离散无记忆信源的状态空间为

$$U=\{u_1,u_2,\cdots,u_r\}$$

概率空间为

$$P(U)=\{p(u_1),p(u_2),\cdots,p(u_r)\}$$

接收的离散随机变量为

$$V=\{v_1,v_2,\cdots,v_s\}$$

则

$$\bar{D}=\sum_{i=1}^{r}\sum_{j=1}^{s}p(u_i)p(v_j\mid u_i)d(u_i,v_j) \tag{6.6}$$

平均失真度描述了一个信源和信道的整体失真特性，即一个信源在一个试验信道上传输的失真大小。

3. 随机序列(N维随机向量)信源的失真度

如果不是单符号信源，而是N维随机向量信源，

$$\bar{U}=(U_1,U_2,\cdots,U_N)$$

$$\bar{V}=(V_1,V_2,\cdots,V_N)$$

U_i取值于$\{u_1,u_2,\cdots,u_r\}$，V_i取值于$\{v_1,v_2,\cdots,v_s\}$。

因此，U共有r^N个不同的符号序列$\alpha_i(i=1,2,\cdots,r^N)$，$V$共有$s^N$个不同的符号序列$\beta_j(j=1,2,\cdots,s^N)$。

这时，单个序列的失真度为

$$d(\bar{u},\bar{v})=d(\alpha_i,\beta_j)=\sum_{l=1}^{N}d(u_{il},v_{jl}) \tag{6.7}$$

这时的N维序列信源的平均失真度为

$$\bar{D}(N)=E[d(\bar{u},\bar{v})]=\sum_{U,V}p(\bar{u},\bar{v})d(\bar{u},\bar{v})=\sum_{U,V}p(\bar{u})p(\bar{v}\mid\bar{u})d(\bar{u},\bar{v}) \tag{6.8}$$

也可以写成

$$\bar{D}(N)=\sum_{i=1}^{r^N}\sum_{j=1}^{r^N}p(\alpha_i)p(\beta_j\mid\alpha_i)d(\alpha_i,\beta_j)=\sum_{i=1}^{r^N}\sum_{j=1}^{r^N}p(\alpha_i)p(\beta_j\mid\alpha_i)\sum_{l=1}^{N}d(u_{il},v_{jl}) \tag{6.9}$$

根据这个结果可以看出，信源平均失真度（单个信源符号的平均失真度）为

$$\bar{D}_N=\frac{1}{N}\bar{D}(N)=\frac{1}{N}\sum_{i=1}^{r^N}\sum_{j=1}^{r^N}p(\alpha_i)p(\beta_j\mid\alpha_i)d(\alpha_i,\beta_j) \tag{6.10}$$

如果 N 维向量的多符号信源为离散无记忆信源，信道为离散无记忆信道，则 N 维序列信源的平均失真度为

$$\bar{D}(N)=\sum_{l=1}^{N}\overline{D_l} \tag{6.11}$$

而信源的平均失真度为

$$\bar{D}_N=\frac{1}{N}\sum_{l=1}^{N}\overline{D_l} \tag{6.12}$$

如果信源为离散平稳无记忆 N 维信源，在无记忆信道上，则

$$\bar{D}(N)=N\bar{D}_l=N\bar{D}$$

即 N 维序列的平均失真度等于单个符号平均失真度的 N 倍。

当信源固定，单个符号失真度固定，选择不同的试验信道，相当于不同的编码方法，得到不同的平均失真度。凡是满足失真度准则 $\bar{D}\leqslant D$ 的这些信道称为 D 失真允许试验信道。所有 D 失真允许试验信道组成一个集合，用符号 B_D 表示，即

$$B_D=\{p(v_j\mid u_i):\bar{D}\leqslant D\} \tag{6.13}$$

$$B_D=\{p(\beta_j\mid\alpha_i):\bar{D}(N)\leqslant ND\} \tag{6.14}$$

6.2.2　信息率失真函数

对于给定的信源，又确定了失真函数后，我们总是希望在满足失真的情况下，使传信率尽量小，这一点与信道容量的问题相反。实际上就是满足平均失真度 $\bar{D}\leqslant D$ 条件下求平均交互信息量 $I(U,V)$ 的最小值。

设 B_D 是所有满足保真度条件 $\bar{D}\leqslant D$ 的试验信道的集合，因而可以在这个集合中找到一个信道 $p(v_j\mid u_i)$，使量 $I(U;V)$ 取最小值。已知平均交互信息量 $I(U;V)$ 是信道转移概率 $p(v_j\mid u_i)$ 的下凸函数，所以这个最小值是存在的。

由此定义信源的率失真函数为

$$R(D)=\min_{p(v_j\mid u_i)\in B_D}\{I(U;V)\} \tag{6.15}$$

其单位为比特 / 信源符号。

对于 N 维随机向量信源，信源的率失真函数定义为在保真度条件下（$\bar{D}(N)\leqslant ND$），平均交互信息量的最小值，即

$$R_N(D)=\min_{p(v_j|u_i)\in B_D}\{I(U;V)\} \tag{6.16}$$

它是在所有满足失真度 $\bar{D}(N)\leqslant ND$ 的 N 维试验信道集合中，找到一个信道使平均交互信息量取最小值。

对于离散无记忆平稳信源，可以证明

$$R_N(D)=NR(D) \tag{6.17}$$

应当说明：在讨论信源率失真函数时引入的信道转移概率 $p(v_j \mid u_i)$ 并没有实际信道的意义，只是为了求交互信息量的最小值而引入的、假想的试验信道。实际上它只是反映了不同的信源编码方法，也就是说找到一种编码方法使平均交互信息量达到最小值。

6.2.3 率失真函数与信道容量的对偶性

从信道容量和信源率失真函数的定义可知：信道容量和率失真函数存在着对偶关系。

信道容量是在信道一定的条件下，选择试验信源的先验概率，使平均交互信息量达到最大值。信道容量反映信道的传信能力，信道容量与信源无关，不同的信道就有不同的信道容量，解决的是信道编码问题。

$$C=\max_{p(u)}\{I(U;V)\} \tag{6.18}$$

信源率失真函数 $R(D)$ 是在信源和失真度一定的条件下，选择试验信道的转移概率 $p(v_j \mid u_i)$（实际上选择信源编码方法），使平均交互信息量达到最小值，$R(D)$ 是接收机在满足一定失真条件下，恢复信源状态所需要的最小平均信息量。率失真函数 $R(D)$ 反映信源的可压缩能力，率失真函数 $R(D)$ 与信道无关，不同的信源就有不同的率失真函数，解决的是信源编码问题。

$$R(D)=\min_{p(v_j|u_i);\bar{D}\leqslant D_D}\{I(U;V)\} \tag{6.19}$$

信道信息传输与率失真函数的对应关系如表 6.1 所示。

表 6.1 信息传输与率失真函数的对应关系

信息传输理论	率失真理论
信道固定 $P=\{p(y \mid x)\}$	信源固定 $P=\{p(x)\}$
试验信源可变 $P=\{p(x)\}$	试验信道可变 $P=\{p(v \mid u)\}$
平均误码概率 P_e 为参量	平均失真度 $\bar{D}_N$ 为参量
信道容量 $C=\max\limits_{p(u)}\{I(p(x))\}$	率失真函数 $R(D)=\min\limits_{p(v_j/u_i);\bar{D}\leqslant D_D}\{I(p(v \mid u))\}$
信道编码定理 $R<C$	信源编码定理 $R>R(D)$

6.2.4 最小失真度和最大失真度

率失真函数 $R(D)$ 是允许失真 D 的函数。$R(D)$ 具有以下性质。

1. 最小平均失真度

根据平均失真度的定义：

$$\bar{D}(N)=E[d(\bar{u},\bar{v})]=\sum_{U,V}p(\bar{u},\bar{v})d(\bar{u},\bar{v})=\sum_{U,V}p(\bar{u})p(\bar{v}\mid\bar{u})d(\bar{u},\bar{v}) \tag{6.20}$$

它是一个非负实函数 $d(u_i,v_j)$ 的数学期望，因此它也是一个非负实函数，所以它的下限一定为零，允许失真度 D 的下限也一定是零，这就是不允许任何失真的情况。

对于给定的信源 $[U,P(U)]$，及给定的失真矩阵 $\boldsymbol{D}$，信源的最小平均失真度定义为

$$D_{\min}=\min[\sum_U\sum_V p(u_i)p(v_j\mid u_i)d(u_i,v_j)]=$$

$$\sum_{i=1}^{n}p(u_i)\min[\sum_{j=1}^{m}p(v_j\mid u_i)d(u_i,v_j)] \tag{6.21}$$

由上式可知，如果选择适当的试验信道 $p(v_j\mid u_i)$（即信道转移概率），使对于每一个 ui，其求和 $\sum_{j=1}^{m}p(v_j\mid u_i)d(u_i,v_j)$ 为最小，则总和就是最小。

当固定一个 u_i 值，对于不同的 v_j，其 $d(u_i,v_j)$ 不同（即在失真矩阵 $\boldsymbol{D}$ 中第 i 行的元素不同），其中必然有一个最小值，也可能有多个相同的最小值。我们可以选择这样的试验信道，它满足

$$\begin{cases}\sum_{v_j}p(v_j\mid u_i)=1 & \text{所有 } d(u_i,v_j)=\text{最小值的 } v_j\in V\\ p(v_j\mid u_i)=0 & d(u_i,v_j)\neq\text{最小值的 } v_j\in V\end{cases}\quad (i=1,2,\cdots,n) \tag{6.22}$$

则可以使信源的最小平均失真度为

$$D_{\min}=\sum_U p(u)\min_V d(u,v)=\sum_{i=1}^{n}p(u_i)\min d(u_i,v_j) \tag{6.23}$$

因此，允许失真度是否能达到零，取决于失真矩阵中每行元素中是否至少有一个零元素。如果至少有一个零元素，则可以使 $D_{\min}=0$。

当 $D_{\min}=0$ 时，表示信源不允许有任何失真。如果要求信源无失真地传输，就相当于信息传输率（熵速率）就等于信源的熵（相当于无噪声信道），即

$$R(0)=H(U) \tag{6.24}$$

相当于

$$R=rH(X)\qquad (r=1)$$

这个等式的条件是失真矩阵的每一行至少有一个零，而每一列最多有一个零元素；否则

$$R(0)<H(U) \tag{6.25}$$

它表示这时的信源符号集中有些符号可以压缩，而不带来失真。

【例 6.2】 对于一个信源 $U=\{0,1\}$，信宿 $V=\{0,1,2\}$，失真矩阵(失真度) 为

$$\boldsymbol{D}=\begin{bmatrix}0 & 1 & 0.5\\ 1 & 0 & 0.5\end{bmatrix} \tag{6.26}$$

这时的最小失真度为

$$D_{\min}=\sum_{i=1}^{n}p(u_i)\min d(u_i,v_j)=\sum_{i=1}^{2}p(ui)\cdot 0=0 \tag{6.27}$$

即满足最小允许失真度的信道是一个无噪声试验信道，信道矩阵为

$$\boldsymbol{P}=\begin{bmatrix}1 & 0 & 0\\ 0 & 1 & 0\end{bmatrix} \tag{6.28}$$

可以看出，如果我们选取允许失真度 $D=D_{\min}=0$，则在信道集合中 BD 就只有唯一可取的试验信道，实际上是说明信源编码方法只有一种就是一一对应的无失真编码，不允许压缩。根据交互信息量的原理，在这个试验信道中

$$I(U;V)=H(U) \tag{6.29}$$

因此

$$R(0)=\min_{B_D}\{I(U;V)\}=H(U) \tag{6.30}$$

如果最小允许失真要求不为零，则信道不要求为无噪声信道，说明可能存在压缩编码方法。

2. 最大平均失真度

平均失真度也存在一个上界 $D_{\max}$，已知率失真函数 $R(D)$ 是一定条件下，平均交互信息量 $I(U;V)$ 的最小值。$I(U;V)$ 是非负函数，$R(D)$ 也是非负函数，其下限为零。当 $R(D)$ 为零时对应的平均失真度就是平均失真度的最大值 $D_{\max}$，如图 6.3 所示。

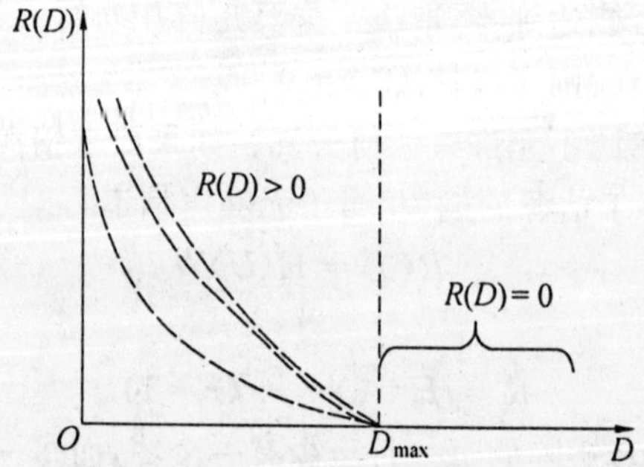

图 6.3 平均失真度的最大值

平均失真度的最大值表明允许失真达到最大，已经使交互信息量为 0，没有什么实际意义，理论上讲，存在多种试验信道，即多种信源压缩方法，压缩率很大以至于使平均交互

信息量为零,即接收的符号已经不包含信源发出的信息量。

6.3　二元对称信源的率失真函数

信源的率失真函数的计算和信道容量的计算相同都是复杂的问题,二元对称信源是一种简单情况,通过它的计算可以了解率失真函数的概念。

设二元对称信源 $U=\{0,1\}$,概率空间为 $p(u)=\{p(0)=\omega;\ p(1)=1-\omega\}$,接收变量 $V=\{0,1\}$。

因为最小失真度 $D_{\min}=0$,计算可知满足这个最小失真度要求的试验信道是一个无噪声信道(无损信道),信道转移矩阵为

$$[P]=\begin{bmatrix}1 & 0\\ 0 & 1\end{bmatrix} \tag{6.31}$$

根据率失真函数的定义

$$R(0)=\min_{p(v_j|u_i)\in B_D}\{I(U;V)\}=H(U)=H(\omega)$$

这时的最大允许失真度为

$$\begin{aligned}D_{\max}&=\min_V\sum_U p(u)d(u,v)=\\ &\min[p(0)d(0,0)+p(1)d(1,0),p(0)d(0,1)+p(1)d(1,1)]=\\ &\min[1-\omega,\omega]=\omega\end{aligned} \tag{6.32}$$

其中假设 $\omega<1/2$。

通过计算可知,要达到这个最大允许失真度的试验信道,信道转移概率矩阵为

$$[P]=\begin{bmatrix}0 & 1\\ 0 & 1\end{bmatrix} \tag{6.33}$$

这个矩阵说明:当信道传送信源符号 $u=1$ 时,可以正确接收;当信道传送信源符号 $u=0$ 时,必然出现错误。已知信源 $u=0$ 的概率为 $\omega<1/2$,所以信道的平均失真度为 $\omega<1/2$。

在这个试验信道下,可以计算最大失真度条件下的率失真函数为

$$R(D_{\max})=R(\omega)=I(U;V)=0 \tag{6.34}$$

而在一般情况下,$D_{\min}=0<D<D_{\max}=\omega$ 时,平均失真度为

$$\begin{aligned}\bar{D}&=E[d]=\sum_{U,V}p(u)p(v\mid u)d(u,v)=\sum_{U,V}p(u,v)d(u,v)=\\ &p(0,1)+p(1,0)=P_e\end{aligned} \tag{6.35}$$

P_e 为信道平均错误概率。

此时,如果选择一个信道,使 $\bar{D}=D$,得到平均交互信息量为

$$I(U;V)=H(U)-H(U\mid V)=H(\omega)-H(U\mid V) \tag{6.36}$$

根据费诺不等式

$$H(X\mid Y)\leqslant H(P_e)+P_e\log_2(n-1) \tag{6.37}$$

当 $n=2$ 时

$$H(U\mid V)\leqslant H(P_e) \tag{6.38}$$

$$H(U\mid V)\leqslant H(P_e)=H(D) \tag{6.39}$$

所以得

$$I(U;V)\geqslant H(\omega)-H(D) \tag{6.40}$$

这是平均交互信息量的下限值。

根据信息率失真函数的定义，当 $0<D<D_{max}$ 时，平均交互信息量的下限值就是信息率失真函数的值

$$R(D)=\min\{I(U;V)\}=H(\omega)-H(D) \tag{6.41}$$

如何找到这样的试验信道，使其得到率失真函数的这个结果？这是比较麻烦的。对于二元对称信道有一个简单方法，即“反向信道”设计法。

在原来的信道模型下假设考虑反向传输问题，如图 6.4 所示。

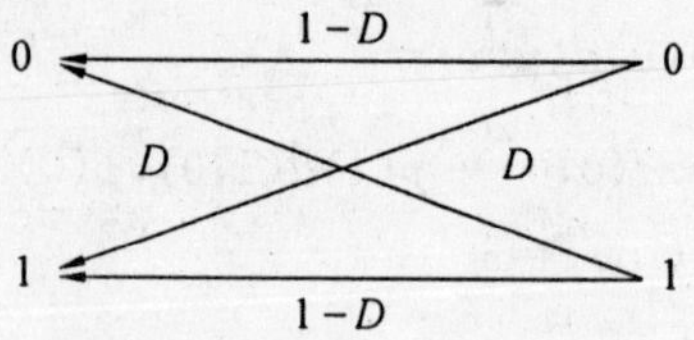

图 6.4　二元对称信道的反向信道

这主要是一种寻找试验信道的手段，假设一种信道正好以失真度 D 为转移概率传输，其转移概率矩阵 $P(U\mid V)$ 为

$$[P(U\mid V)]=\begin{bmatrix}1-D & D\\ D & 1-D\end{bmatrix} \tag{6.42}$$

根据已知的条件$\{p(u),p(u\mid v)\}$可以求出 $p(v)$ 的概率分布。

$$p(x_i)=\sum_{j=1}^{m}p(x_i,y_j)=\sum_{j=1}^{m}p(y_j)p(x_i\mid y_j) \tag{6.43}$$

$$p(u_i)=\sum_{j=1}^{m}p(u_i,v_j)=\sum_{j=1}^{m}p(v_j)p(u_i\mid v_j) \tag{6.44}$$

$$p(u=0)=p(v=0)p(u=0\mid v=0)+p(v=1)p(u=0\mid v=1) \tag{6.45}$$

$$p(u=1)=p(v=0)p(u=1\mid v=0)+p(v=1)p(u=1\mid v=1) \tag{6.46}$$

$$\omega=p(v=0)(1-D)+p(v=1)D \tag{6.47}$$

$$1-\omega=p(v=0)D+p(v=1)(1-D) \tag{6.48}$$

同时考虑

$$p(v=0)+p(v=1)=1 \tag{6.49}$$

得到

$$p(v=0)=\frac{\omega-D}{1-2D} \tag{6.50}$$

$$p(v=1)=\frac{1-\omega-D}{1-2D} \tag{6.51}$$

因为 $0<D<\omega=\frac{1}{2}$，所以 $0<p(v)<1$，说明这个反向信道是存在的。

利用这个反向信道作为正向的试验信道，其平均失真度为

$$\bar{D}=E[d]=\sum_{U,V}p(u,v)d(u,v)=\frac{D(1-\omega-D)}{1-2D}+\frac{D(\omega-D)}{1-2D}=D \tag{6.52}$$

可以看到这种利用反向信道寻找试验信道的方法是可行的。

计算得到

$$\begin{aligned}H(U\mid V)&=\sum_{U,V}p(u,v)\log_2\frac{1}{p(u\mid v)}=\\&-[D\log_2 D+(1-D)\log_2(1-D)]\sum_{V}p(v)=H(D)\end{aligned} \tag{6.53}$$

则在该试验信道上的交互信息量为

$$I(U;V)=H(U)-H(U\mid V)=H(\omega)-H(D)=R(D) \tag{6.54}$$

这样就找到了满足失真度 D，同时率失真函数为 $R(D)$ 的实验信道，如图 6.5 所示。

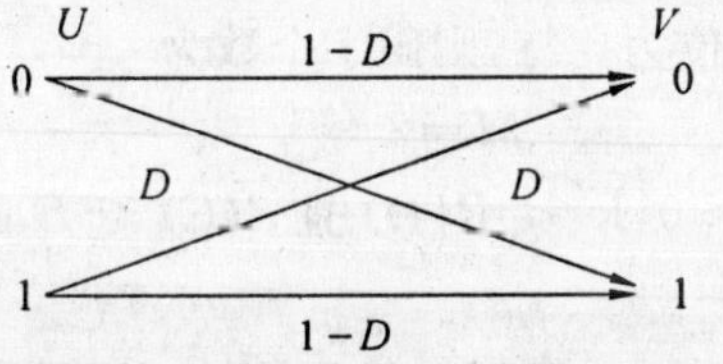

图 6.5　二元对称信道的试验信道

图 6.6 给出了 ω 不同情况下的率失真函数的曲线，可以看出：

(1) 对于一定的平均失真度，信源分布越均匀，信源率失真函数就越大；

(2) 信源分布越不均匀，率失真函数就越小，说明信源剩余度越大，压缩的可能性就越大。

率失真函数和实验信道的求法还有正规的参量计算法和迭代计算法，就像信道容量的计算一样，当然计算过程也相对复杂一些，这里介绍的只是对于 BSC 的一种简单方法。

同样还有连续信源的率失真函数的定义和计算方法，这里不再详述。

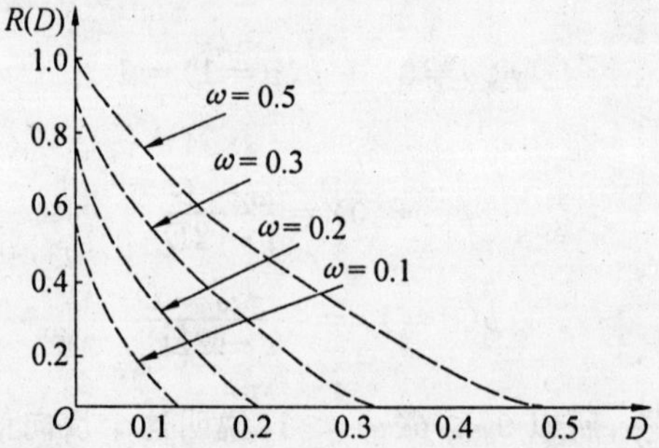

图 6.6 不同信源分布下的率失真函数

6.4 保真度准则下的信源编码定理

率失真函数 $R(D)$ 的物理意义是在一定的允许失真(D)条件下，每个信源符号可以被压缩的最小信息量值，也就是最低信息传输速率。

定理 6.1(香农第三编码定理) 设 $R(D)$ 为一个离散平稳无记忆信源的率失真函数，对于任意的 $D \geqslant 0$；$\varepsilon > 0$；$\delta > 0$ 以及足够长的码字长度 n，总可以找到一种信源编码方法 C，使编码后的码字符号的平均失真度为

$$d(C) \leqslant D + \delta \tag{6.55}$$

而码字的个数为

$$M = \mathrm{e}^{\{n[R(D)+\varepsilon]\}} \tag{6.56}$$

对于二元编码，$R(D)$ 单位为比特，则码字个数为

$$M = 2^{\{n[R(D)+\varepsilon]\}} \tag{6.57}$$

反之，平均失真度为 $D \geqslant 0$，$R' < R(D)$ 且 $d(C) \leqslant D$ 的编码方法是不存在的。

这个定理表明：

(1) 对于任何的失真度 $D \geqslant 0$，只要码长足够长，总可以找到一种编码方法 C，使编码后每个信源符号(码元)的信息速率为

$$R' = \frac{\log_2 M}{n} = R(D) + \varepsilon \tag{6.58}$$

即 $R' \geqslant R(D)$；同时 $d(C) \leqslant D$。

(2) 在允许失真 D 的条件下，信源最小可以达到的信息传输率为 $R(D)$。

(3) 限失真信源编码的熵速率就是所谓率失真函数 $R(D)$，在给定的允许失真 D 条件下，熵速率一般小于信源熵，即 $R(D) < H(S)$。而无失真信源编码定理指出，其极限熵速率等于信源熵，即 $R = R(0) = H(S)$。

(4) 香农第三定理也只是一个存在性定理，即定理没有给出如何寻找最佳的编码方

法，使编码后的熵速率达到 $R'=R(D)+\varepsilon$。

在实际应用中该理论存在两类问题：

(1) 实际信源的 $R(D)$ 的计算相当复杂，信源的数学描述就很困难；信源的失真度很难明确（主观和客观评价难以用数学描述）；$R(D)$ 的计算太麻烦。

(2) 即使得到了符合实际的 $R(D)$，还需要找到最佳的实用的信源压缩编码方法，这一点也很困难。

例如：目前静止图像压缩标准 JPEG；运动图像压缩标准 MPEG2、MPEG4；会议电视图像压缩标准 H.261、H.263；会议电视语音压缩标准 G.711、G.722、G.723 等。

通过一个简单例子说明限失真信源编码的原理。

【例 6.3】　设一个二元无记忆信源 $U=\{0,1\}$；$P(U)=\{1/2,1/2\}$。

该信源的熵为 $H(U)=1$ bit。根据香农编码第一定理，对这个信源进行无失真编码，其平均码长等于 1，这时熵速率 $R=H(U)=1$。如果进行限失真编码，定义失真函数为汉明失真（0/1 失真）为

$$d(u,v)=\begin{cases}0 & (u_i=v_j)\\ 1 & (u_i\neq v_j)\end{cases} \tag{6.59}$$

即失真矩阵为

$$\boldsymbol{D}=\begin{bmatrix}0 & 1\\ 1 & 0\end{bmatrix} \tag{6.60}$$

现在设计一种限失真信源压缩编码方法，就是把重复码的反应用。

做信源 U 的三次扩展信源，$\bar{U}=U_1,U_2,U_3$。

$\alpha_1=000$	$\alpha_2=001$	$\alpha_3=010$	$\alpha_4=100$
$\alpha_5=011$	$\alpha_6=101$	$\alpha_7=110$	$\alpha_8=111$

这时我们把 $\alpha_1\alpha_2\alpha_3\alpha_4$ 用 $\beta_1=000$ 表示，把 $\alpha_5\alpha_6\alpha_7\alpha_8$ 用 $\beta_2=111$ 表示。然后再用 0 代表 $\beta_1=000$；用 1 代表 $\beta_2=111$。这样就使原来的三个二进制信源符号压缩成一个二进制信源符号。因此，这种编码后的信息传输率为

$$R'=\frac{\log_2 M}{N}=\frac{1}{3}\ \text{比特 / 符号} \tag{6.61}$$

在接收端，当收到 0 和 1，就分别译码成 $\beta_1=000$ 和 $\beta_2=111$。

例如，发送序列、传输序列、接收序列和译码序列表示如下

发送序列：	000	101	100	110	011	111	001	…
编码序列：	000	111	000	111	111	111	000	…
传输序列：	0	1	0	1	1	1	0	…
接收序列：	0	1	0	1	1	1	0	…
译码序列：	000	111	000	111	111	111	000	…

可以计算

$$d(\alpha_1=000,\beta_1=000)=0;\quad d(\alpha_2=001,\beta_1=000)=1$$
$$d(\alpha_3=010,\beta_1=000)=1;\quad d(\alpha_4=100,\beta_1=000)=1$$
$$d(\alpha_5=011,\beta_2=111)=1;\quad d(\alpha_6=101,\beta_2=111)=1$$
$$d(\alpha_7=110,\beta_2=111)=1;\quad d(\alpha_8=111,\beta_2=111)=0$$

这样的简单压缩编码的平均失真度为

$$\bar{D}=\sum_{U,V}p(u)p(v\mid u)d(u,v)=\frac{1}{3}\sum_{i=1}^{8}p(\alpha_i)d(\alpha_i,\beta_j)=\frac{1}{3}\sum_{i=1}^{8}\frac{1}{8}d(\alpha_i,\beta_j)=\frac{1}{4}\tag{6.62}$$

其中

$$p(\alpha_i)=p(\alpha_{i1},\alpha_{i2},\alpha_{i3})=p(\alpha_{i1})p(\alpha_{i2})p(\alpha_{i3})=\frac{1}{2}\cdot\frac{1}{2}\cdot\frac{1}{2}=\frac{1}{8}\tag{6.63}$$

可以看到，经过这种编码方法压缩后信息率为 $R'=1/3$，而产生的平均失真度为 1/4。

那么，对于等概率的二元信源来说，在允许平均失真度为 1/4 时，这种压缩是否达到最佳编码呢？根据香农第三编码定理，在允许失真度为 1/4 时，总可以找到一种压缩编码方法，使信源输出信息率压缩到极限值。

$$R(\frac{1}{4})=1-H(\frac{1}{4})\approx 0.189 \text{ 比特 / 符号}\tag{6.64}$$

显然，$R(\frac{1}{4})<R'$。所以，在允许平均失真度 $D=1/4$ 情况下，对等概分布的二进制信源来说，这种压缩方法并不是最佳编码。

6.5 离散无记忆信道的容量-代价函数

6.5.1 容量-代价函数

离散无记忆信道(DMC) 由集合 X、Y 和信道转移概率$\{p(y\mid x)\}$ 来表征。

信道的输入 x_i 取值于 X 集合，信道输出 y_j 取值于集合 Y，如果 X 中有 n 个元素，Y 中有 m 个元素，则信道转移矩阵为一个 n 行 m 列的矩阵。

对于每一个输入符号 x_i，存在一个非负整数 $b(x_i)$，称为 x_i 的代价(cost)或代价函数。通常我们可以认为 X 集合中所有元素的代价都相等并等于零，即 $b(x_i)=0(i=1,2,3,\cdots,n)$。

例如：BSC 信道，$X=Y=\{0,1\}$

$$\boldsymbol{P}=\begin{array}{c|cc|} & 0 & 1 \\ 0 & 1-p & p \\ 1 & p & 1-p \end{array}$$

代价函数：$b(x_1=0)=0$，$b(x_2=1)=1$。

代价的含义：由于信道存在干扰，或者说信道的输出和输入存在不确定的关联性，因此说信源 X 的状态经信道传输是要付出代价的，状态 x_i 通过信道传输的代价就是 $b(x_i)$。

如果一个离散无记忆信道，输入为一个在时间上的$(t=1,2,\cdots,i,\cdots,n)$离散随机序列 $X=\{x_1,x_2,\cdots,x_n\}$，相应的输出为 $Y=\{y_1,y_2,\cdots,y_n\}$，对于 DMC，y_j 只取决于 x_i，即

$$p(y_1,y_2,\cdots,y_n \mid x_1,x_2,\cdots,x_n)=\prod_{i=1}^{n} p(y_j \mid x_i) \tag{6.65}$$

它的代价函数定义为

$$b(\bar{X})=\sum_{i=1}^{n} b(x_i) \tag{6.66}$$

如果一个 n 维随机向量$[X]=(X_1,X_2,\cdots,X_n)$，其联合概率分布为

$$p(\bar{X})=p(x_1,x_2,\cdots,x_n)$$

这个信源的平均代价函数为

$$E[b(X)]=\sum_{i=1}^{n} E[b(X_i)]=\sum_{x} p(x)b(x) \tag{6.67}$$

对于 n 维随机向量信源，定义一个 n 阶容量代价函数为

$$C_n(\beta)=\max_{p(x)}\{I(X;Y):E[b(X)]\leqslant n\beta\} \tag{6.68}$$

说明：

(1) 其最大值是关于所有可能的 n 维向量$[X]=(X_1,X_2,\cdots,X_n)$的概率分布而言；

(2) 其条件是信道转移概率 $P\{Y \mid X\}$ 为一定，即满足

$$p(y_1,y_2,\cdots,y_n \mid x_1,x_2,\cdots,x_n)=\prod_{i=1}^{n} p(y_j \mid x_i) \tag{6.69}$$

(3) 输入向量$[X]$满足 $E[b(X)]\leqslant n\beta$。

实际上它是对于一定的信道，在一定的代价函数条件下，调整信源结构来获得的最大熵；也就是说信道容量是信道的特征（在一定代价下），在这个意义下，信源被称为试验信源。

$E[b(X)]\leqslant n\beta$ 条件称为 β - Admissible（可接受的），即付出一定代价的最大传信能力。这个最大值称为对于各种 n 维 β - Admissible 测试信源获得的最大值。

6.5.2　容量-代价函数的理解

对于给定的信道转移概率，平均交互信息量 $I(X;Y)$ 是$[X]$的先验概率的连续函数，满足 $E[b(X)]=\sum_{i=1}^{n} E[b(X_i)]=\sum_{x} p(x)b(x)\leqslant n\beta$ 的 $p(x)$ 是所有可能的 $p(x)$ 的一个

子集。因此它是一个最大值,而不是极大值。

如果我们定义

$$\beta_{\min} = \min_{x \in [X]} \{b(x)\} \tag{6.70}$$

这时一定有

$$E[b(X)] \geqslant n\beta_{\min} \tag{6.71}$$

因此 $C_n(\beta) = \max\limits_{p(x)} \{I(X;Y): E[b(X)] \leqslant n\beta\}$ 中的 β 一定是 $\beta \geqslant \beta_{\min}$。

如果我们定义

$$\beta_1 > \beta_2 \tag{6.72}$$

这时若测试信源满足 $E[b(X)] \leqslant n\beta_2$,就一定会满足 $E[b(X)] \leqslant n\beta_1$,这时一定有

$$C_n(\beta_1) \geqslant C_n(\beta_2) \tag{6.73}$$

这说明平均代价越大,信道容量越大,代价越小,容量越小,这是合理的,也就是说这里定义的信道容量是考虑代价的信道容量。

从数学上讲容量-代价函数 $C_n(\beta)$ 是平均代价 β 的增函数。

这时可以定义容量-代价函数为

$$C(\beta) = \sup_n \frac{1}{n} C_n(\beta) \tag{6.74}$$

即 β 表示在单位时间内平均代价小于 β 的条件下,单位时间内信道可靠传输的最大信息量。

定理 6.2 $C_n(\beta)$ 是 $\beta \geqslant \beta_{\min}$ 的上凸函数。

证明 设 $\alpha_1 \geqslant 0, \alpha_2 \geqslant 0, \alpha_1 + \alpha_2 = 1$,对于 $\beta_1 \geqslant \beta_{\min}, \beta_2 \geqslant \beta_{\min}$,证明

$$C_n(\alpha_1\beta_1 + \alpha_2\beta_2) \geqslant \alpha_1 C_n(\beta_1) + \alpha_2 C_n(\beta_2)$$

即可。

定理 6.3 对于离散无记忆信道 DMC,若 $\beta \geqslant \beta_{\min}$,则对于任何 $n = 1, 2, \cdots$,有

$$C_n(\beta) = nC(\beta) \tag{6.75}$$

6.5.3 容量-代价函数的性质

1. 容量-代价函数的最大值

由于 $C_n(\beta)$ 是 $\beta \geqslant \beta_{\min}$ 的上凸函数,因此 $C_n(\beta)$ 也是 $\beta \geqslant \beta_{\min}$ 的一个连续函数。实际上当 β 足够大时,$C_n(\beta)$ 为一个常数。这里可以定义最大信道容量为

$$C_{\max} = \max\{I(X;Y)\} \tag{6.76}$$

这里的最大值是对于所有可能的试验信源而言的,没有平均代价 $E[b(X)]$ 的限制。这就是信道容量的概念。

如果定义

$$\beta_{max} = \min\{E[b(X)]: I(X;Y) = C_{max}\} \tag{6.77}$$

也就是说,对于所有的 $\beta \geqslant \beta_{max}$,都有 $C(\beta) = C_{max}$;而对于 $\beta \leqslant \beta_{max}$,有 $C(\beta) < C_{max}$。

这里的含义就是通常的信道容量是在最大代价条件下的容量-代价函数。为了达到这个信道容量值,必须付出较大的代价。

同时说明

$$C(\beta) = \max\{I(X;Y): E[b(X)] = \beta\} \quad (\beta_{min} \leqslant \beta \leqslant \beta_{max}) \tag{6.78}$$

2. 容量-代价函数的最小值

定义

$$C(\beta_{min}) = C_{min}$$

这里的含义是信源改造为删除信道。当 $b(x) > \beta_{min}$ 时使 $p(x) = 0$,意味着使用最廉价的信源输出,即删除掉代价大的信源输出。

典型的容量-代价函数曲线如图 6.7 所示。

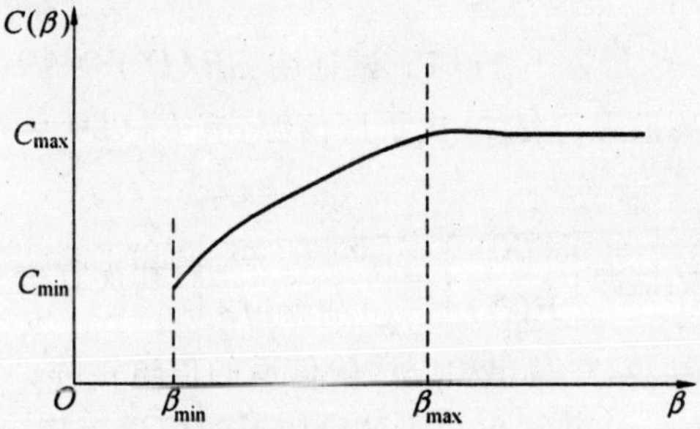

图 6.7　典型的容量-代价函数曲线

习　题

6.1　一个四元对称信源 $\begin{bmatrix} X \\ P(X) \end{bmatrix} = \begin{bmatrix} 0 & 1 & 2 & 3 \\ 1/4 & 1/4 & 1/4 & 1/4 \end{bmatrix}$,接收符号 $Y = \{0,1,2,3\}$,其失真矩阵为 $\begin{bmatrix} 0 & 1 & 1 & 1 \\ 1 & 0 & 1 & 1 \\ 1 & 1 & 0 & 1 \\ 1 & 1 & 1 & 0 \end{bmatrix}$,求 D_{max} 和 D_{min} 及信源的 $R(D)$ 函数,并画出其曲线(取 4 至 5 个点)。

6.2 若某无记忆信源 $\begin{bmatrix} X \\ P(X) \end{bmatrix}=\begin{bmatrix} -1 & 0 & 1 \\ 1/3 & 1/3 & 1/3 \end{bmatrix}$，接收符号 $Y=\left\{-\frac{1}{2},\frac{1}{2}\right\}$，其失真矩阵 $\boldsymbol{D}=\begin{bmatrix} 1 & 2 \\ 1 & 1 \\ 2 & 1 \end{bmatrix}$，求信源的最大失真度和最小失真度，并求选择何种信道可达到该 $D_{\max}$ 和 $D_{\min}$ 的失真度。

6.3 某二元信源 $\begin{bmatrix} X \\ P(X) \end{bmatrix}=\begin{bmatrix} 0 & 1 \\ 1/2 & 1/2 \end{bmatrix}$，其失真矩阵为 $\boldsymbol{D}=\begin{bmatrix} a & 0 \\ 0 & a \end{bmatrix}$，求这信源的 $D_{\max}$、$D_{\min}$ 和 $R(D)$ 函数。

6.4 已知信源 $X=\{0,1\}$，信宿 $Y=\{0,1,2\}$。设信源输入符号为等概率分布，而且失真函数 $\boldsymbol{D}=\begin{bmatrix} 0 & \infty \\ \infty & 0 \end{bmatrix}$，求信源的率失真函数 $R(D)$。

6.5 设 $0<\alpha,\beta<1,\alpha+\beta=1$。试证明：$\alpha R(D')+\beta R(D'')\geqslant R(\alpha D'+\beta D'')$。

6.6 试证明对于离散无记忆 N 次扩展信源，有 $R_N(D)=NR(D)$。其中 N 为任意正整数，$D\geqslant D_{\min}$。

6.7 设离散无记忆信源 $\begin{bmatrix} X \\ P(X) \end{bmatrix}=\begin{bmatrix} x_1 & x_2 \\ 1/3 & 1/3 \end{bmatrix}$，其失真度为汉明失真度。

(1) 求 $D_{\min}$ 和 $R(D_{\min})$，并写出相应试验信道的信道矩阵；

(2) 求 $D_{\max}$ 和 $R(D_{\max})$，并写出相应试验信道的信道矩阵；

(3) 若允许平均失真度 $D=1/3$，试问信源的每一个信源符号平均最少有几个二进制符号表示？

6.8 设信源 $\begin{bmatrix} X \\ P(X) \end{bmatrix}=\begin{bmatrix} x_1 & x_2 \\ p & 1-p \end{bmatrix}$ $(p<0.5)$，其失真度为汉明失真度，试问当允许平均失真度 $D=0.5p$ 时，每一信源符号平均最少需要几个二进制符号表示？

参考文献

[1] 李梅,李亦农.信息论基础教程[M].北京:北京邮电大学出版社,2008.
[2] 李立萍,张明友.信息论导引[M].成都:电子科技大学出版社,2005.
[3] 曹雪虹,张宗橙.信息论与编码[M].北京:清华大学出版社,2004.
[4] 陈运.信息论与编码[M].2版.北京:电子工业出版社,2007.
[5] 唐朝京.信息论与编码基础[M].北京:电子工业出版社,2010.
[6] 戴善荣.信息论与编码基础[M].北京:机械工业出版社,2005.
[7] 朱雪龙.应用信息论基础[M].北京:清华大学出版社,2003.
[8] 傅祖芸.信息论——基础理论与应用[M].北京:电子工业出版社,2007.
[9] 李亦农,李梅.信息论基础教程[M].北京:北京邮电大学出版社,2005.
[10] 孙丽华.信息论与纠错编码[M].2版.北京:电子工业出版社,2009.
[11] 田宝玉.工程信息论[M].北京:北京邮电大学出版社,2008.
[12] 邓家先.信息论与编码[M].西安:西安电子科技大学出版社,2007.